強震動

観測記録とその特性

翠川三郎

[著]

朝倉書店

まえがき

　わが国は地震国であり，地震災害に強くしなやかな社会を構築することが求められています。そのためには，「戦略の基本は敵を知ること」と言われるように，敵である強震動 (被害をもたらすような強い地震動) のことを理解することも必要です。強震動に関する研究は経験則に基づくところが多く，観測された強震記録は重要な基礎データです。観測記録を分析した結果やそれに基づく予測手法に関する解説書はいくつか見受けられますが，観測された強震記録そのものについて解説したものはほとんど見あたりません。著者の指導教官であった故小林啓美先生が「地震動は複雑で，その特性を理解するためには，波形をよくみて味わえ」とよくおっしゃっていました。それを思い出すたびに，強震動の特性や予測手法を理解し，その成果を正しく利用するには，その基礎データである強震記録から理解することが必要ではないかと感じていました。そこで，本書では，耐震構造技術者や大学院生の方々を対象として，観測された強震記録に立ち返って，強震動の強さや特性，そして，その予測について，平易に解説することを心がけました。

　1 章では，強震観測が行われる以前から地震動強さの尺度として用いられてきた震度階について説明した上で，過去の大地震の震源域で観察された被害や物体の挙動から推定された強震動の強さについて解説しています。2 章では，強震動を正確に観測するために整備された強震観測の体制や強震計について解説し，観測された強震動のデータベースについても紹介しています。3 章では，震源域やその周辺で観測された強震記録の具体例とそれらの特徴や強さについて解説しています。4 章では，強震動の特性を支配する要因 (震源特性，伝播特性，地盤特性) について実例を示しながら解説しています。最後に，5 章では，強震観測結果を踏まえた地震動の予測手法を説明し，その応用例として地震ハザードマップや設計用入力地震動について解説しています。強震動の特性は様々で複雑ですが，自然現象である以上，それには原因があります。本書により，強震動の多様性とその要因を観測記録を通じて理解していただければ幸いです。

　本書をまとめるにあたっては，多数の強震記録を利用した成果を利用させていただきました。防災科学技術研究所，港湾空港技術研究所，気象庁，各自治体，カリフォルニア工科大学を始めとする多数の強震記録提供機関に感謝します。原稿を読んでいただき，ご意見をいただいた東京工業大学名誉教授の大町達夫先生，図の作成等にご協力いただいた広島大学の三浦弘之氏，サイスモリサーチの司 宏俊氏に感謝します。また，出版の際にご尽力いただいた朝倉書店編集部の方々に感謝します。

　2018 年 1 月

著　　　者

目　　次

1. 強震動の観察 ……………………………………………………………… 1
　1.1 揺れの強さを表す尺度 ……………………………………………… 1
　1.2 大地震での揺れと被害 ……………………………………………… 4
　1.3 震源近傍での激しい地震動の痕跡 ………………………………… 10

2. 強震動の観測 ……………………………………………………………… 18
　2.1 強震観測の歴史 ……………………………………………………… 18
　2.2 強震計の種類 ………………………………………………………… 22
　2.3 強震動データ ………………………………………………………… 27

3. 震源域およびその周辺で観測された強震記録 ……………………… 30
　3.1 震源域およびその周辺での観測事例 …………………………… 30
　3.2 大振幅の強震記録の最大加速度・速度 ………………………… 53

4. 強震記録にみられる地震動の特性 …………………………………… 60
　4.1 地震動特性の支配要因 …………………………………………… 60
　4.2 震 源 特 性 …………………………………………………………… 60
　4.3 伝 播 特 性 …………………………………………………………… 63
　4.4 地 盤 特 性 …………………………………………………………… 66

5. 強震動の予測 ……………………………………………………………… 76
　5.1 強震動の予測手法 ………………………………………………… 76
　5.2 地震動の距離減衰式 ……………………………………………… 78
　5.3 地震ハザードマップ ……………………………………………… 87
　5.4 建築物の動的解析で用いられる設計用入力地震動 …………… 96

索　　引 ……………………………………………………………………… 109

1

強震動の観察

1.1 揺れの強さを表す尺度

　地震時の揺れの強さの程度を表す尺度として，震度階が古くから用いられてきた。これは，人体感覚や周囲の物体の挙動，構造物の被害などから地震の揺れの大きさを順序づけしたもので，19 世紀に提案され始めた (池上，1987)。初期に提案され広く利用されたものとして，1883 年に提案されたロッシ–フォーレル震度階があげられる。現在は，これを改良した 12 階級 (I〜XII) からなる改正メルカリ震度階が国際的に広く用いられている。わが国では，4 階級からなる関谷の震度階がロッシ–フォーレル震度階とほぼ同時期に提案され用いられた。これが 1898 年に中央気象台 (気象庁の前身) により 7 階級 (0〜VI) に細分化され，1948 年福井地震を契機に震度 VII が追加され 8 階級となった。このように，わが国で用いられている気象庁震度階は改正メルカリ震度階とは異なる生い立ちを持つが，両震度階のいずれも，低震度では人体感覚が，中震度では周囲の物品の挙動が，高震度では構造物の被害が，それぞれ主な判定基準となっている。このことは，後述する気象庁の震度階級関連解説表からも読み取れる。

　日本で組織的な震度観測は，1884 年に内務省地理局が全国の測候所，府県庁，郡区役所など約 600 ヵ所に対して地震が観測された際に震度を報告するよう依頼したことに始まる (気象庁，1996)。1904 年には気象官署や民間への委託をあわせ 1,437 の観測所から震度のデータが収集された (気象庁，2009a)。当時は，地震計による観測がまだ十分でなく，地震現象の把握は，震動の強弱や揺れの方向等についての体感や被害調査等により行われていた。昭和 30 年 (1955 年) 代もほぼ同数の観測点が維持されていたが，地震計による観測を中心としての業務の構築が行われてきたことから地震観測としての震度観測はその役目を終え，1958 年から順次観測所の整理が行われた。1988 年には，全国 158 ヵ所の気象官署において震度観測が行われるのみとなった (気象庁，2009a)。

　このように，1 県当たり 30 点程度だった震度観測がその 1/10 の粗いものとなったこともあり，大地震が発生した際に各地の震度が通信アンケート調査によって調査されるようになった。例えば，1943 年から 1968 年にかけて 18 の被害地震で調査がなされた (佐藤，1973)。その後，太田・他 (1979) はアンケート調査による震度の精度向上のために調査法を改良し，この方法により，1995 年兵庫県南部地震も含め多数の被害地震でアンケートによる震度が調査されている。近年では，郵送でなく，インターネットを利用した国際的な震度調査も行われている (Wald et al., 2012)。

　1980 年代後半より，気象庁は，観測員の主観による精度不足や震度発表の迅速化などの問

図 1.1 震度階級関連解説表の説明図 (気象庁, 2009b)

題から，震度の計測化を検討し，1996 年より計器観測に基づく計測震度を採用している (気象庁, 1996)．この際に，震度の階級は従来の 8 階級のものを震度 5 と 6 を強弱に細分化して 10 階級とされた．また，ローマ数字で表されていた震度階級がアラビア数字で表されるようになった．この計測震度は，加速度と速度の中間的なものを計算し，突発的なものをのぞいたその最大の値に基づいて算出されている．ただし，各震度でどのような現象が起こるのかの目安として震度階級関連解説表が作成され，その概要を示した図も示されている (気象庁, 2009b)．図 1.1 に示すように，震度 3 以下では人体感覚と，震度 4 前後では物品の挙動と，震度 5 強以上では被害との関連が示されている．なお，気象庁震度階の 1, 3, 5 強はそれぞれ前述の改正メルカリ震度階の II, V, VIII におおむね対応している．

震度階は揺れの強さの程度を示すものであるが，地震動による被害を評価する上では，より定量的な物理的尺度が必要である．揺れの強さを表す物理量としては，最大振幅，継続時間，応答スペクトルなどが用いられる．最大振幅としては，最大加速度がよく用いられてき

た。これは剛体に作用する地震力が地震動の加速度に比例するためである。しかし，剛体とみなせる構造物は建物で言えば1,2階建てのような低層建物であり，中高層建物は剛体とはみなせない。このような建物の地震時の応答は，最大加速度よりも最大速度との相関が高いことが知られており，地震動強さの尺度として最大速度が広く用いられるようになった。また，大型石油タンクや長大橋のような固有周期の非常に長い構造物の地震時の応答は最大変位との相関がより高いことも指摘されている。なお，加速度の単位としては，cm/s^2 (通称 gal) や重力加速度 g (=980 cm/s^2) が，速度および変位の単位としては，cm/s (通称 kine) および cm が，それぞれよく用いられる。

最大振幅は地震動波形から最大の値だけを採ってきたもので，その他の情報は失われている。失われている代表的な情報として，継続時間と周波数特性があげられる。継続時間の定義はいくつかあるが，例えば，強い揺れの継続時間としては，地震動の加速度が $0.05g$ を最初に上回ってから最後に下回るまでの時間が定義されている。

周波数特性を示す物理量としてフーリエスペクトルがあるが，工学的には応答スペクトルがよく用いられる。応答スペクトルは，質量を有する質点がバネとダッシュポット (減衰装置) により地盤に支持された1自由度系に，地震動を作用させて，その応答の最大値を1自由度系の固有周期ごとに求めてグラフ化したものである。設定する減衰の大きさに応じて応答の値が変化するが，減衰定数5%が用いられる場合が多い。縦軸にとる応答の選び方によって応答スペクトルにはいくつかの種類がある。1自由度系の絶対加速度応答，相対速度応答，相対変位応答の最大値をとったものをそれぞれ絶対加速度応答スペクトル，速度応答スペクトル，変位応答スペクトルと呼ぶ。また，絶対加速度応答スペクトルに $T/2\pi$ を掛けて速度の次元にしたものを擬似速度応答スペクトルと呼ぶ。なお，非減衰の速度応答スペクトルとフーリエ加速度スペクトルはほぼ等価であることが知られている。

このような物理量と震度がどのような相関があるかについて，河角 (1943) は震度と最大加速度に関係性を見出し，その関係は河角の式として用いられてきた。その後の検討から，低震度では最大加速度と，高震度では最大速度と，より相関が高いことが指摘されている (翠川・福岡，1988)。これは，震度が低震度では体感により，高震度では建物等の被害によりそれぞれ定義され，震度の大小によって震度を決定する因子が異なることで説明できる。そこで，ひとつの地震動の指標で低震度から高震度までを説明しようとすると，加速度と速度の中間的なものということになり，計測震度の定義の背景もこのようなところにある (鉢嶺，1989)。

図 1.2 に震度 I と最大加速度 PGA (cm/s^2)，最大速度 PGV (cm/s) の関係を示す (翠川・他，1999)。この図からも，高震度では最大速度との相関の方がよいことがわかる。震度4〜7のデータから震度との関係式が以下のように示されている。

$$I = 0.55 + 1.90 \log PGA \pm 0.30 \quad (4 \le I \le 7) \tag{1.1}$$

$$= 0.32 + 2.00 \log PGA \pm 0.30 \quad (4 \le I \le 7) \tag{1.1}'$$

$$I = 2.68 + 1.72 \log PGV \pm 0.21 \quad (4 \le I \le 7) \tag{1.2}$$

$$= 2.32 + 2.00 \log PGV \pm 0.24 \quad (4 \le I \le 7) \tag{1.2}'$$

ダッシュのついた式は計測震度の定義に合わせて最大振幅の対数に係わる係数を2に固定した場合の式である。震度と最大振幅は一対一に対応するものではないが，これらの式から，大雑把な目安として，震度5強と6弱の境界 ($I = 5.5$) は最大速度で 40 cm/s 前後に，最大

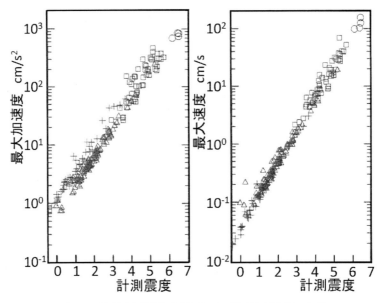

図 1.2　計測震度と最大加速度振幅および最大速度振幅との相関

加速度で 400 cm/s² 前後に，震度 6 強と 7 の境界 ($I = 6.5$) は最大速度で 150 cm/s 前後に，最大加速度で 1,300 cm/s² 前後に，それぞれ対応していることがわかる．

文　　　献

1) 翠川三郎・藤本一雄・村松郁栄：計測震度と旧気象庁震度および地震動強さの指標との関係，地域安全学会論文集，No.1, pp.51–56, 1999.
2) 鉢嶺　猛：震度の計測化について，験震時報，第 52 巻，pp.43–68, 1989.
3) 池上良平：震源を求めて　近代地震学の歩み，平凡社，258pp., 1987.
4) 気象庁：震度を知る　基礎知識とその活用，ぎょうせい，238pp., 1996.
5) 気象庁：震度観測の変遷，震度の活用と震度階級の変遷等に関する参考資料，pp.1.10–1.11, 2009a.
6) 気象庁：震度に関する検討会報告書，124pp., 2009b.
7) 翠川三郎・福岡知久：気象庁震度階と地震動強さの物理量との関係，地震，第 41 巻，第 2 号，pp.223–233, 1988.
8) 太田　裕・後藤典俊・大橋ひとみ：アンケートによる地震時の震度の推定，北海道大学工学部研究報告，No.92, pp.117–128, 1979.
9) 佐藤泰夫：通信調査，地震災害，共立出版，pp.226–241, 1973.
10) Wald, D., V. Quitoriano, B. Worden, M. Hopper and J. Dewey: USGS "Did You Feel It?" Internet-based macroseismic intensity maps, Annals of Geophysics, Vol.54, pp.688–707, 2012.

1.2　大地震での揺れと被害

わが国では大地震での揺れにより多くの被害を受けてきた．直下地震の激しい揺れにより甚大な被害が生じた例として，福井市および神戸市の直下でそれぞれ発生した 1948 年福井地震 ($M_J7.1$) および 1995 年兵庫県南部地震 ($M_J7.3$) があげられる．

1948 年福井地震では，死者約 3,700 名，全壊家屋約 35,000 棟の被害を生じた．激甚な被害を受けた地域の当時の人口は 20 万～30 万人と推定されることから死者率は 1%を越えていたことになる．この地震は福井平野直下の横ずれ断層によるもので，その直上の平野部で

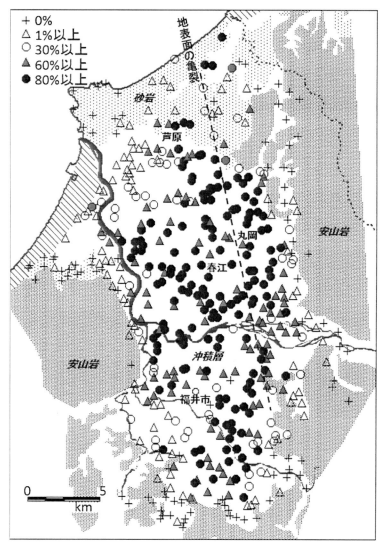

図 1.3 1948 年福井地震での家屋の全壊率分布

は，図 1.3 に示すように，家屋の全壊率は 60%を越え，全壊率 100%の集落もみられた (野畑・翠川, 2008)。

写真 1.1 に福井市内での家屋の倒壊の様子を示す。このような甚大な被害は激しい地震動のためで，写真 1.2 に示すように，墓地の墓石も原形をとどめずに激しく倒れて散乱した。このような激しい揺れが生じたことから，地震の翌年に当時の中央気象台は震度 VI までだった震度階級に震度 VII を追加した。地震当時，強震観測は行われておらず，墓石の転倒状況等から，水平加速度で $0.5g$ 程度であったものと推測されている (谷口・他, 1951) が，この地震の揺れの大きさは不明の点が多い。

このような直下地震による甚大な被害は，わが国では福井地震以降約 50 年間は起こらなかったが，1995 年兵庫県南部地震で再び発生し，死者約 6,400 名，全壊住家約 10 万棟の被害が生じた。この地震は淡路島北部から神戸市にかけて走る野島断層および六甲断層系によるもので，淡路島のみならず神戸という近代都市をも襲い，甚大な被害につながった。この

写真 1.1　1948 年福井地震での木造家屋の被害 (小林啓美氏撮影)

写真 1.2　1948 年福井地震での墓石の散乱 (小林啓美氏撮影)

地震では，写真 1.3 に示す木造家屋だけでなく写真 1.4 や写真 1.5 に示す鉄筋コンクリート建物や高架橋も倒壊した．

　このような激しい被害を生じた地域での揺れはどのようなものだったのだろうか．この地震の体験談集から，激しい被害を生じた震度 7 の地域での起きていた人の揺れの最中の行動をとりだしてみると (翠川, 1997),

- 窓枠にしがみつき，揺れがおさまるのを待った．
- 机の下にもぐり込んだ．
- 逃げだそうとしたが，とても立っていられない状態だった．
- 目の前のテーブルにしがみついてもイスからふりおとされるようだった．
- 揺れで体が吹き飛ばされた．
- 思わず四つん這いになった．

写真 1.3　神戸市での木造家屋の倒壊

写真 1.4　神戸市での鉄筋コンクリート建物の倒壊

写真 1.5　神戸市での高架橋の倒壊

- 電信柱にしがみついた。
- 足をすくわれたように地面にたたきつけられた。
- 体が跳ね上がり，地面に倒れ，四つん這いになって地面に張りついていた。

などと記述されており，何もできないような激しい揺れだったことを物語っている。

　この地震の際，神戸市で激しい被害がみられた震度 7 に相当する地域は長さ 20 km，幅 2 km 程度の帯状に分布し (気象庁, 1997)，震災の帯と呼ばれた。この地震では，強震記録が得られているが，震災の帯では，その縁辺で得られたものがわずかにあるだけで，震災の帯の中心部での記録は得られていない。気象庁の震度 7 の地域や墓石の転倒状況，建物被害分布，アンケート震度，強震記録を総合して描いた震度分布を図 1.4 に示す (藤本・翠川, 1999)。震度 7，6 強以上および 6 弱以上の地域は断層に沿って分布し，その面積はそれぞれ 40 km^2，130 km^2 および 300 km^2 程度となる。

　このような激しい揺れは，これら 2 つの地震だけでなく，わが国では多数の被害地震で経験している。わが国で地震の機械観測がはじまった 1880 年以降 2014 年までに震度 6 弱以上が観測された地震をとりだすと，約 70 地震ある (三浦・翠川, 2016)。同様に，震度 7 が観測

1. 強震動の観察

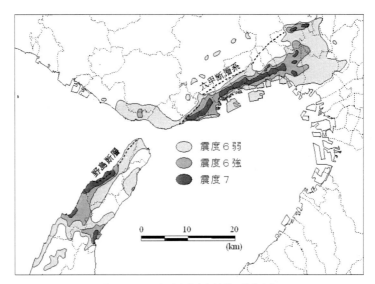

図 1.4 1995 年兵庫県南部地震の震度分布

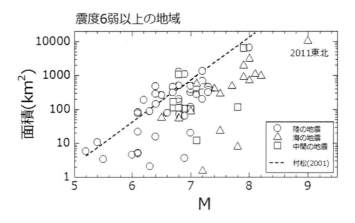

図 1.5 震度 6 弱以上の出現面積と地震規模の関係

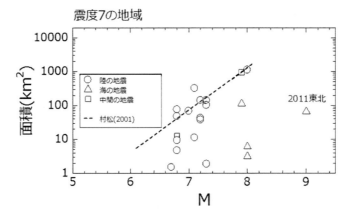

図 1.6 震度 7 以上の出現面積と地震規模の関係

された地震は約 20 地震ある。したがって，わが国では震度 6 弱以上を生ずる地震は 2 年に 1 回程度の頻度で，震度 7 を生ずる地震は 7 年に 1 回程度の頻度で発生していることになる。

各地震での震度 6 弱以上および震度 7 の出現面積とマグニチュードの関係をそれぞれ図 1.5 および図 1.6 に示す。震源が陸の地震，海の地震，中間の地震で記号を変えている。また，図には 1923〜1995 年の 17 個の陸の地震を用いて得られた村松 (2001) の関係式も示してある。〇で示した陸の地震の出現面積は村松の関係式とおおむね対応しており，震度 6 弱以上の面積は，M6.5 および M8 でそれぞれ百平方キロおよび 1 万平方キロのオーダーで，震度 7 の面積は，M6.5 および M8 でそれぞれ十平方キロおよび 1 千平方キロのオーダーを示している。海の地震ではその 1/3 程度の値を示している。

1880 年から 2014 年までに震度 6 弱以上の揺れが生じた地域の分布を図 1.7 に示す。震度 6 弱以上の出現面積は全体で 4 万 km^2 強である。日本の国土が 38 万 km^2 であることから，135 年間で国土の 10% 強の地域で震度 6 弱以上の揺れが現れており，50 年間では国土の 5% 程度の地域が震度 6 弱以上の揺れを被ることとなる。一方，震度 7 の出現面積は震度 6 弱以上の面積の 10% 以下の 3,000 km^2 強である。これは国土の面積の 1% 弱であり，震度 7 の発生する範囲は震度 6 弱以上のそれに比べると限定的である。

しかしながら，震度 7 は揺れやすい地盤では比較的発生しやすいことが知られている。表

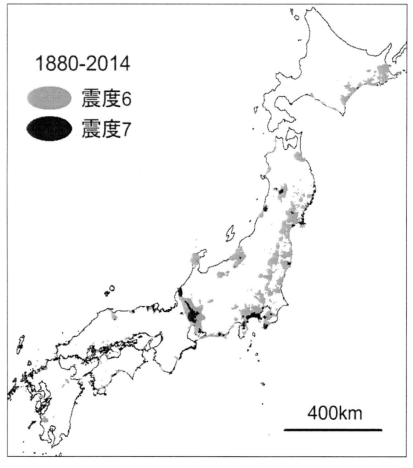

図 1.7 1880〜2014 年に発生した地震による震度 6 と 7 の地域

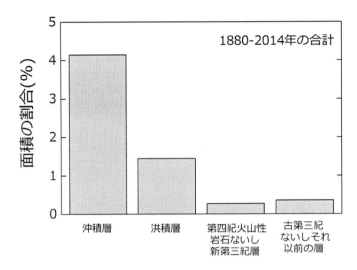

図 1.8 表層地質ごとの震度 7 の地域の面積の割合

層地質ごとに全国の全面積に対する震度 7 の面積の割合を計算すると，図 1.8 に示すように，岩盤では 0.3%程度，洪積地盤では 1%強の範囲でしか出現していないが，沖積地盤では全国の約 4%の範囲で出現している．したがって，沖積地盤上では，50 年間で平均的に震度 7 の地震動を受ける割合は 2%弱と概算でき，震度 7 の地震動が非常に稀とは断定しにくい現象であると考えられる．

文　　　　献

1) 藤本一雄・翠川三郎：被害分布から推定した 1995 年兵庫県南部地震の震度分布，日本建築学会構造系論文報告集，No.523，pp.71–78，1999．
2) 気象庁：現地調査，平成 7 年 (1995 年) 兵庫県南部地震調査報告－災害時自然現象報告書－，気象庁技術報告，No.119，pp.47–90，1997．
3) 翠川三郎：兵庫県南部地震での体験談にみられる激震時の人間行動，地域安全学会論文報告集，No.7，pp.22–27，1997．
4) 三浦弘之・翠川三郎：兵庫県南部地震後の被害地震での推計震度分布図に基づく激震動の出現面積，日本地震工学会論文集，Vol.16，No.2，pp.64–73，2016．
5) 村松郁栄：震度分布と震源との関係，地震 第 2 輯，第 53 巻，pp.269–272，2001．
6) 野畑有秀・翠川三郎：被害地震から見た 1948 年福井地震の地震動強さ，月刊地球，Vol.30，No.9，pp.497–505，2008．
7) 谷口　忠・小林啓美・坂井辰郎：物体の転倒建造物の倒壊より推察した福井地震の地動，昭和 23 年福井地震震害調査報告 II 建築部門，pp.23–29，1951．

1.3　震源近傍での激しい地震動の痕跡

このように過去の被害地震の震源域では震度 7 に相当する激しい揺れが報告されているが，どのような強さの地震動であったのかは不明の点が多い．しかしながら，それを知るための手がかりとなる激しい地震動の痕跡はいくつも観察され，揺れの大きさを推定しようと試みがなされてきた．石碑などの単純な形状の物体が揺れによって転倒した状況から地震動の強さを推定する試みは，Mallet (1862) による 1857 年ナポリ地震での調査が初めてのものであろう．彼は単体の転倒に必要なショック速度が (1.3) 式で表せることを示した．

$$v = \sqrt{\frac{8gr}{3} \cdot \frac{1-\cos\alpha}{\cos^2\alpha}} \tag{1.3}$$

式中の g は重力加速度で，r および α の定義は図 1.9 に示す通りである。

この式から，この地震の震源域では 300 cm/s を越える地動の速度振幅があったことを推定している。しかし，この推定式は後述する近年の研究から 3 倍程度過大な値を与えると評価されている。ナポリ地震調査の後，Mallet は高さが一定 (12 インチ) で直径が 1~9 インチと異なる 6 種類の円柱からなる感震器を提案しており，これは世界初の強震計とも位置づけられる。図 1.10 に示すように，砂地の上に厚板を置き，ここに円柱を並べて置くことで，地震で倒れた円柱がころがらず転倒方向も正確に知ることができるようになっている (Musson, 2013)。この感震器は，1897 年インド・アッサム地震の震源域に位置する Shillong にも設置され，地震の際にすべての円柱が倒れた (Oldham, 1899)。後述する近年の研究での推定式を適用すると，地動加速度は $0.75g$ 以上，地動速度は 38 cm/s 以上と推定される。

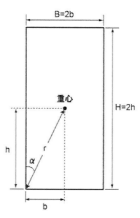

図 1.9 単体の寸法の説明図

単純な形状の物体の転倒条件について，Milne (1885) は論文の中で，転倒に必要な加速度 α が高さ H と幅 B の比のみで決まるという West の式 ($\alpha = B/H\,g$) を紹介した。大森 (1899a) はこれを振動台実験で検証し，この式に基づいて墓石の転倒状況から 1891 年濃尾地震での岐阜県笠松および大垣での最大加速度をそれぞれ $0.4g$ および $0.3g$ と推定している (大森, 1899b)。その後の被害地震でも墓石等の単体の転倒状況から地震動の最大加速度が推定され，例えば，1923 年関東地震では，図 1.11 に示すように神奈川県南部で $0.5g$ 前後，東京で $0.3g$ 程度の最大加速度が推定されている (物部, 1926)。

その後，数値シミュレーション技術の進歩に伴い，単体の転倒シミュレーションが行われ，West の式による加速度と Mallet による単体の転倒に必要なショック速度の 0.4 倍の速度の

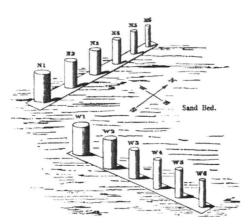

図 1.10 Mallet の感震器 (Musson, 2013)

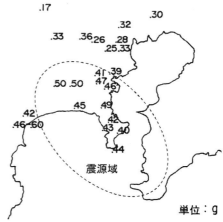

図 1.11 単体の転倒から推定された 1923 年関東地震の最大加速度の分布

両方が転倒に必要な条件であることが Ishiyama (1982) により示された。その後の追加検討で，転倒に必要な速度は Mallet によるショック速度の 0.35 倍と修正され，結局，α が小さい細長い物体の場合は，転倒に必要な速度 v_0 は (1.4) 式で近似できるとされている (星野・他，1996)。ここで，B および H は，それぞれ単体の幅および高さである。

$$v_0 \simeq 9 \cdot \frac{B}{\sqrt{H}} \quad [単位：cm/s] \tag{1.4}$$

過去の大地震時には，物体の転倒だけでなく，物体が投げ出されて大きく移動した痕跡も報告されており，例えば，1897 年インド・アッサム地震 (M8.3) でのものがあげられる。震源域の直上に位置する町では，道路上の石がドラムの上の豆のように飛び，風景がゆがんでみえたとの証言があり，高原の斜面では，直径で 50 cm 前後の石が多数空中に投げ飛ばされて移動した痕跡があったこと等が報告されている (Oldham, 1899)。これらは修正メルカリ震度階の最上位の震度 XII の説明文に採用されている (Richter, 1958)。

この石のように地震時に物体が跳躍した痕跡は他の被害地震でも観察されている。日本では 1891 年濃尾地震や 1927 年北丹後地震などで複数の事例が報告されている。例えば，北丹後地震では，「寺の本堂が倒れて柱の根もとが礎石から約 2 m 離れていた」とか「戸口の上り框 (かまち) に接して据えてあった風呂桶が立ったまま湯水も漏れずに座敷の真ん中にあったので，家が 2 m ばかり横に飛んだことがわかった」，「家の大黒柱が飛び上がり，座って藁を打っていた人の真上に落ちて，人の頭部から胴体を小田原提灯そのままに畳んでしまった」などの家屋の大移動に関する報告が地元の震災誌に記されている (今村, 1935)。その後，1984 年長野県西部地震で石や倒木が跳躍して大きく移動した痕跡について綿密な学術的調査がなされ (黒磯・他, 1985)，注目されるようになった。写真 1.6 に，左側にみえる元のくぼみから灌木をなぎ倒しながら 2.3 m 右方向に移動した石を示す。

近年の地震でも，1995 年兵庫県南部地震や 2004 年新潟県中越地震などで多数の事例が報告されている (翠川, 1995；Midorikawa and Miura, 2010)。例えば，1995 年兵庫県南部地震では，写真 1.7 に示すように淡路島郡家で鐘楼が約 1 m 移動した痕跡がみつかっている。

写真 1.6 1984 年長野県西部地震で投げ飛ばされた石 (梅田康弘氏提供)

柱が着地した際にコンクリートの三和土 (たたき) を壊しており，鐘楼が跳躍して大きく移動したことを示唆している．神戸市内では，多数の消防署で駐車していた消防車が大きく移動した (翠川，1996)．例えば，兵庫消防署では，地震直後に消防車にかけつけたところ，前輪に置かれた車止めをはじき飛ばして，写真 1.8 に示すように，写真の人が立っているところまで前方に約 3 m 移動していたという消防隊員の証言がある．タイヤがすべった痕跡が地面にないことから，跳躍しながら移動したものと考えられるが，一飛びに 3 m 移動したという証拠はない．須磨消防署では，地震時に消防車のステップに乗って点検していた消防隊員が地震の揺れで振り落とされ，車が左右に横転しそうになりながらバウンドするのを目撃している．東灘消防署では，7 台の消防車や救急車すべてが前後方向に移動し，そのいくつかはシャッターにぶつかり，シャッターが変形しあけにくくなったことが報告されている．

消防署以外でも，神戸市や芦屋市，西宮市で自動車の移動が確認されており，例えば，神戸市中央区と兵庫区の境付近の信号で停車中の 4 トントラックが飛び跳ね，着地するたびに，

写真 1.7 淡路島郡家で移動した鐘楼の全景 (左) とその右奥の柱の移動状況 (右)

写真 1.8 神戸市兵庫消防署での消防自動車の移動

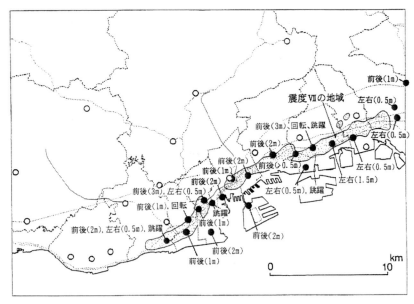

図 1.12 1995 年兵庫県南部地震の際の神戸市および芦屋市，西宮市での自動車の移動状況

 すさまじい音をたてているのが目撃されている (神戸新聞社, 1995)。これらの自動車の移動状況を図 1.12 に示す。図中の黒丸は自動車の移動が報告された地点を示す。前後 (2 m) は車が前後方向に 2 m，左右 (1 m) は左右方向に 1 m，それぞれ移動したことを示す。回転は車が水平面内で回転したことを，跳躍は車が上下に飛び跳ねたことを示す。白丸は自動車の移動が確認されなかった消防署を示す。自動車の移動が確認された地点は，網掛けで示した震度 7 の地域ないし周辺の低地部に位置しており，六甲山やその周辺の台地部では自動車の移動は確認されていない。最大の移動量は，前後方向で 3 m，左右方向で 1.5 m である。

 1872 年浜田地震から 2011 年東北地方太平洋沖地震までの 33 地震で報告されている物体の跳躍現象の事例を表 1.1 に示す。表中の物体の移動量はその地震で最大の移動を示したものの値である。個々の事例の内容については，翠川 (1994, 1995)，Midorikawa and Miura (2010) を参照されたい。物体の跳躍現象が報告されている地震は 30 を越え，この現象がそれほど稀なものではないことを示している。跳躍した物体については，石の報告例が多く，その大きさとしては直径で 0.5 m 前後のものが多い。また，移動した石は多少地面に埋め込まれたものが多く，やや深く埋め込まれたものは移動していないという報告も複数ある。石以外では，鐘楼，山門，鳥居など小規模な構造物の事例が多い。今村 (1941) は 1909 年姉川地震から 1930 年北伊豆地震までの 5 地震での観察から，跳躍して大きな移動を示した構造物はよく結束された簡単な低い構造物であることを指摘している。また，消防車など車の事例も複数の地震でみられる。

 移動距離については，1897 年アッサム地震では，石の最大の移動量は 2.5 m であるが，多くの場合は 0.6〜1.2 m であったと報告されている。他の地震では石の移動量は 0.5 m 前後の事例が多い。鐘楼については一飛びに 0.5〜1 m 程度移動したという報告が多い。木造家屋や車については，3 m 程度の報告もあるが，一飛びに移動したのかどうかは不明の点もある。

 これらの現象が観察された地点の震度は，古い地震では不明の場合が多い。そこで，詳細

1.3 震源近傍での激しい地震動の痕跡

表 1.1 過去の地震での物体の跳躍現象の事例

地震名	地震規模	物体	移動量
1872年浜田地震	7.2	総門	0.6m
1891年濃尾地震	8	山門	1m
		鳥居	1.2m
		納屋	0.3m
		木造家屋	2.7m
		石灯籠	0.8m
1896年陸羽地震	7.2	鐘楼	不明
		石碑	1m
		鳥居	0.9m
1897年インドAssam地震	8.3	石	2.5m
		石碑	2m
1906年米国SanFransisco地震	8.3	石碑	反転
		油井やぐら	不明
1909年姉川地震	6.8	鐘楼	1m
1914年秋田仙北地震	7.1	鳥居	0.6m
		石碑	不明
1923年関東地震	7.9	石	不明
		石碑	0.9m
		木造家屋	1.3m
1925年但馬地震	6.8	鐘楼	0.5m
1927年北丹後地震	7.3	木造家屋	3m
		土蔵	1.5m
		鐘楼	0.8m
		石灯籠	不明
1930年北伊豆地震	7.3	木造家屋	0.7m
1932年米国CederMt.地震	7.3	石	反転
1943年鳥取地震	7.4	狛犬	2.3m
1948年福井地震	7.1	木造家屋	3〜4m
		鐘楼	不明
		石灯籠	不明
1949年今市地震	6.4	石臼	1m
1967年トルコMudurnuValley地震	7.1	石	0.3m
1968年米国BorregoMt.地震	6.5	石	0.5m
1971年米国SanFernando地震	7.1	消防車	2m
		石	不明
		ベンチ	反転
1975年大分県中部地震	6.4	鳥居	不明
		墓石	不明
		石	不明
1984年長野県西部地震	6.8	石	2.3m
		倒木	1.5m
1989年米国LomaPrieta地震	7.1	石	0.3m
1990年比国Luzon地震	7.8	石	0.8m
1991年米国Honeydew地震	6.2	石	0.3m
1992年米国Landers地震	7.4	石	0.4m
1994年米国Northridge地震	6.7	石	反転
1995年兵庫県南部地震	7.3	石	0.5m
		消防車	3m
		木造家屋	0.8m
		鐘楼	0.8m
2000年鳥取県西部地震	7.3	寺院	0.2m
2003年宮城県北部地震	6.4	石碑	0.5m
		石	0.2m
2004年新潟県中越地震	6.8	石	1m
		軽自動車	1m
		神社	0.5m
		寺院	0.3m
2007年能登半島沖地震	6.9	鳥居	0.6m
		鐘楼	0.6m
		山門	0.5m
2007年新潟県中越沖地震	6.8	鐘楼	0.6m
		消防車	2m
		鳥居	0.7m
		山門	0.3m
2008年岩手宮城内陸地震	7.2	小屋	0.2m
2011年東北地方太平洋沖地震	9	消防車	0.5m

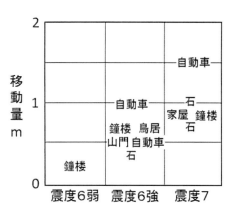

図 1.13 震度と移動量のおおよその関係

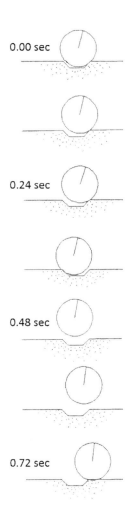

図 1.14 石の跳躍現象のシミュレーション

な震度分布が示されている最近の 4 地震 (1995 年兵庫県南部地震，2004 年新潟県中越地震，2007 年能登半島沖地震，同年新潟県中越沖地震) について，震度と移動量の関係を整理すると，図 1.13 のようになる。なお，自動車の移動量は横方向に一飛びに移動したと考えられるものだけをプロットした。移動がみられたのは，震度 6 強ないし 7 の地点がほとんどである。石や鐘楼，鳥居などが震度 6 強では 50 cm 前後移動し，震度 7 では 1 m 弱移動している。車の移動量はそれより大きく，2 倍程度の値を示しており，車は石のような剛体に比べて移動しやすいことを示唆している。

　これらの跳躍現象はどんな揺れによってどのように生じたのであろうか。跳躍して移動した物体は，多少地面に埋め込まれた石や小規模な構造物，車などで，これらは振動系を構成するものである。例えば，地面に埋め込まれた石は石と地盤からなる振動系を，小規模な構造物は屋根や柱からなる振動系を，車は本体とサスペンションからなる振動系をそれぞれ構成する。このような振動系の応答の結果から物体の跳躍現象が生じたという解釈が以前からなされている (Newmark, 1973)。

　この考えに基づき，石と地盤からなる振動系の数値シミュレーションから，最大加速度で 1.5 g，最大速度で 150 cm/s 以上の地震動があれば，長野県西部地震でみられた石の跳躍現象が説明できるとされている (Ohmachi and Midorikawa, 1992)。図 1.14 にシミュレーション結果を示す。地面に埋め込まれた石がまず地面の右側面にぶつかって，地面から反力を受けて大きく揺れ，左側面にぶつかり，さらに反力を受けて，地面から大きく浮き上がって移動している。

　鐘楼の跳躍についても，瓦屋根と 4 本柱からなる鐘楼の振動モデルから，最大速度で 100 cm/s 強の地震動により鐘楼が 1 m 程度移動しうることが示されている (大町・他，1995)。このように，最大速度で 100 cm/s を越える揺れがあれば物体が跳躍し移動しうることが簡単な振動系の数値シミュレーションから説明されている。

　1.1 節で述べたように震度 6 強と 7 の境界は地震動の最大速度で 150 cm/s 前後に対応することから，これらのシミュレーション結果は前述の物体の跳躍による移動がみられた地点の震度が 6 強ないし 7 であることと整合している。結局，おおまかではあるが，物体の跳躍現象は震度 6 強ないし 7 の地震動の発生を，それによる大きな移動は震度 7 の地震動の発生をそれぞれ示唆するものと考えられる。

文　　献

1) 星野正雄・矢崎雅彦・石山祐二：隣接する壁の影響を考慮した剛体のロッキング振動と転倒条件，日本建築学会北海道支部研究報告集，No.69, pp.177–180, 1996.
2) 今村明恒：地震漫談 (其の 27) 丹後地震に於ける家屋大移動の現象，地震，第 7 巻，pp.582–587, 1935.
3) 今村明恒：称名寺の鐘楼，鯰のざれごと，pp.67–72, 1941.
4) Ishiyama, Y.: Criteria for Overturning of Bodies by Earthquake Excitations, 日本建築学会論文報告集，第 317 号，pp.1–14, 1982.
5) 神戸新聞社：神戸新聞の 100 日 阪神大震災，地域ジャーナリズムの戦い，プレジデント社，283pp., 1995.
6) 黒磯章夫・伊藤　潔・飯尾能久・梅田康弘・村松郁栄：1984 年長野県西部地震の地変および大加速度域の調査，京都大学防災研究所年報，第 28 号 B-1, pp.171–184, 1985.
7) Mallet, R.: Great Neapolitan earthquake of 1857: the first principles of observational seismology, Chapman and Hall, London, 1862.

8) 翠川三郎：地震時に物体の跳躍現象が生じた事例の調査，地震，第 47 巻，pp.333–340，1994.

9) 翠川三郎：地震時の物体の跳躍現象と地震動強さ，第 23 回地盤震動シンポジウム資料集，pp.77–82，1995.

10) 翠川三郎：飛び跳ねる自動車　兵庫県南部地震での激震動，地震ジャーナル，第 22 号，pp.38–43，1996.

11) Midorikawa, S. and H. Miura: Upthrow of Objects during Recent Earthquakes in Japan, Proc. of the Seventh International Conference on Urban Earthquake Engineering, pp.217–222, 2010.

12) Milne, J.: Seismic Experience, Transactions of Seism. Soc. of Japan, Vol.8, pp.1–82, 1885.

13) 物部長穂：土木工事震害調査報告，震災予防調査会報告，第 100 号（丁），pp.1–65，1926.

14) Musson, R.: A history of British seismology, Bull. Earthquake Eng., Vol.11, pp.715– 861, 2013.

15) Newmark, N.: Interpretation of apparent upthrow of objects in earthquakes, Proc. Fifth World Conference on Earthquake Engineering, Paper No. 294, pp.2338–2343, 1973.

16) Ohmachi, T. and S. Midorikawa : Ground-Motion Intensity Inferred from Upthrow of Boulders during the 1984 Western Nagano Prefecture, Japan, Earthquake, Bull. Seism. Soc. Am., Vol. 82, No. 1, pp.44–60, 1992.

17) 大町達夫・翠川三郎・本多基之；1909 年姉川地震での鐘楼の移動から推定した地震動強さ，構造工学論文集，Vol.41A，pp.701–708，1995.

18) Oldham, R.: Report on the Great Earthquake of 12 June 1897, Memoirs of the Geological Survey of India, Vol.29, 379pp., 1899.

19) 大森房吉：煉瓦柱破壊及状柱物体転倒に関する調査，震災予防調査会報告第 28 号，pp.4–69，1899a.

20) 大森房吉：明治二十四年十月二十八日濃尾大地震に関する調査，震災予防調査会報告第 28 号，pp.79–95，1899b.

21) Richter, C.: Elementary Seismology, W. H. Freeman and Company, 768pp., 1958.

2

強 震 動 の 観 測

2.1　強震観測の歴史

　地震による揺れを観測するための地震計は 19 世紀末に開発されていたが，これらは遠地で発生した地震も観測できるよう大きな倍率で地動の変位を観測するもので，近地で大きな地震が発生すると記録が振り切れてしまった。また，強震動の強さを知るための簡易な感震器も開発されていたが，地震動の時刻歴を記録できるものではなく，大被害を引き起こした強震動の正体は不明であった。

　地震時に剛な構造物に作用する力は地動の加速度に比例することから，1923 年関東地震を契機に加速度型地震計が開発され，1930 年より地動の加速度が観測されはじめた (Ishimoto, 1931)。ただし，この地震計は $0.1g$ 程度までの加速度しか測定できず，激震まで測れるような強震計ではなかった。1931 年に当時地震研究所の所長であった末広恭二教授は米国から招聘され講演し，1931 年 9 月 21 日に東京で観測された最大加速度約 $70 \mathrm{~cm/s^2}$ の加速度記録を紹介しながら，強震観測の重要性を指摘した (Suehiro, 1932)。この講演により，米国は強震計の開発を加速し，全米沿岸測地局 (USC&GS) による初めての強震計が 1932 年 7 月にロングビーチやエルセントロなどに設置され，その 8 ヵ月後の 1933 年ロングビーチ地震 ($M_L6.3$) で最大加速度 $0.2g$ を越える世界初の強震記録が得られた。1934 年までに観測点は 44 ヵ所に増えた (Ulrich, 1936)。1940 年には構造物の動的解析の際に多用される通称エルセントロの記録も得られた。1960 年代に強震計が複数の企業により製品化されて普及が進み，1971 年サンフェルナンド地震で多数の記録を得ることに成功した。その後も強震観測が強化され，1980 年には強震計の設置台数はカリフォルニアで約 1,350 台，全米で約 1,700 台となった (Trifunac, 2009)。

　近年の米国での地盤上の強震観測としては，全米地質調査所 (USGS) による全国強震観測網 (NSMN) があり，全米の約 800 地点で強震観測がなされている (U.S. Geological Survey, 2016)。また，USGS とカリフォルニア地質調査所が中心となってカリフォルニア統合地震観測網 (CISN) がカリフォルニア州とネバダ州西部に展開され，1,500 地点強で観測がなされている (California Integrated Seismic Network, 2016)。ワシントン州とオレゴン州にも太平洋北西部地震観測網 (PNSN) が展開され，約 200 地点で強震観測がなされている (Pacific Northwest Seismic Network, 2016)。CISN や PNSN は NSMN と重複する観測点もあること，また他の地域での観測網もあることを考慮すると，米国では 2,000 地点以上で強震観測がなされているものと推測される。米国以外でも強震観測 (地盤上) の整備は進んでおり，中国では 2,000 地点程度，イランや台湾では 1,000 地点程度，イタリアやメキシコ，インド，

2.1 強震観測の歴史 19

ニュージーランド，トルコ，ギリシャなどでは数百地点からなる観測網がそれぞれ整備されている。

わが国では，米国に比べて強震計の開発は遅れ，1948 年福井地震を契機として進められた (田中，2005)。福井地震の震源域で推定された地震動でも振り切れないよう，$1g$ までの加速度を記録できる強震計が 1951 年から開発され，1953 年に完成し，東大地震研究所，大阪第一生命ビル，明石製作所 (東京) に設置された。観測点は 1954 年で 6 地点だったが，1960 年で 36 地点，1963 年には約 90 地点と増加していった。この間の 1956 年 2 月に江戸川下流域の地震 ($M_\mathrm{J}6.0$) により東京で震度 4 の揺れが生じ，東大地震研究所の地下 2 階で最大加速度約 $0.07g$ の記録が観測された。この記録は数値化され，東京 101 の強震記録として，1960 年代後半に始まった超高層ビルの耐震設計での動的解析の際に使われた。その後，1962 年広尾沖地震 ($M_\mathrm{J}7.0$) では，釧路気象台で最大加速度 $0.38g$ の記録が得られた。観測点周辺で被害がみられなかったことから，構造物の被害と地震動の関係が検討されたが，その関係は簡単なものではないことが指摘された (金井・他，1969)。

1964 年に新潟地震 ($M_\mathrm{J}7.5$) が発生し，新潟市内の液状化発生地点で記録が得られ，わが国の被害地震で初めての強震記録が得られた。これを契機に強震観測の機運が高まり，1965〜1966年の 2 年間で約 150 台の強震計が新設された (田中，2005)。1966 年には松代群発地震が発生し，$M_\mathrm{J}5.1$ の地震の震央から約 4 km 南方に位置する臨時観測点で最大加速度 $0.43g$ が観測された (Kanai et al.，1967)。1967 年には各機関での強震観測の情報を共有するため，強震観測事業推進連絡会議が設置された。1968 年十勝沖地震 ($M_\mathrm{J}7.9$) では M8 クラスの巨大地震の強震記録が震源域を取り巻く複数の地点で得られた。同年の埼玉県中部の地震 ($M_\mathrm{J}6.1$) では東京に設置されていた強震計のほとんどが作動し，多数の記録が得られた (田中，2005)。

強震観測事業推進連絡会議に登録された強震計は，1970 年で約 500 台，1980 年で約 1,200台，1990 年で約 1,900 台と増加していった (Watanabe，1993)。しかし，その 3 割強が東京都に設置され，地域的に偏在しているという問題もあった。例えば，1984 年長野県西部地震 ($M_\mathrm{J}6.8$) では震央から 50 km 以内でわずか 1 地点の強震記録しか得られなかった。そこで，強震観測事業推進連絡会議 (1988) により強震計の全国配置基本計画が策定された。この計画では，M6.5 程度以上の地震で震度 V 程度の揺れが，M6.0 程度以上の地震で震度 IV 程度の揺れがそれぞれ記録できることが基準とされ，強震計の全国均等配置のために観測点間隔 50 km の基準メッシュが設定された。さらに，地震活動度の高い地域では，強震観測をより強化して M6.0 程度以上の地震で震度 V 程度の揺れが記録できることを基準として，観測点間隔 25 km の強化メッシュが設定された。その結果，全国をカバーするために，基本メッシュ数は 92，強化メッシュ数は 294 となり，合計 386 メッシュに対して，それぞれ少なくとも 3 観測点が設置されることが提言された。また，構造物の振動の影響が少ない地盤上での観測，岩盤を含む異なる地盤条件での観測，強震記録のデータバンクの設立なども奨励された。これらの提言は後述の K-NET の計画の下敷きとなった (功刀・他，2009)。

1995 年兵庫県南部地震では震源直上での非常に強い揺れにより多くの建物が倒壊し，多数の死者をもたらした。この地震では多数の強震記録が得られたが，甚大な被害が生じた震度 7 の地域では，ごくわずかの記録しか得られなかった。そこで，強震観測の強化が強く認識され，この地震の直後に，わが国の強震観測網は急速に整備された。防災科学技術研究所は，地震動の研究のために K-NET および KiK-net の 2 つの強震観測網を設置した。K-NET (強

写真 2.1 K-NET 観測点の外観

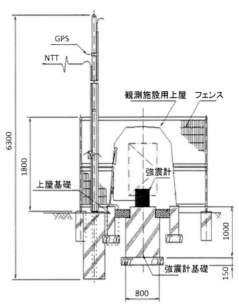

図 2.1　K-NET 観測点の断面図 (防災科研資料より)

震ネット) は全国の都市域を 25 km 程度の間隔で網羅した 1,000 点強の地盤上の観測点からなるものである。地盤上の地震動を観測するために，写真 2.1 に示す FRP 製の観測小屋の中に深さ 1 m，80 cm 角の基礎が設置され，その上に強震計が固定されている (図 2.1 参照)。観測点の地盤条件を明確にするために深さ最大 20 m までの地盤調査もなされている。一方，KiK-net(基盤強震ネット) は高感度地震観測網 Hi-net に併設される形でノイズの少ない山間部の約 700 地点に設置されたものである。ただし，山間部といっても岩盤が露頭しているわけではなく，地表には薄い堆積層や風化層が存在する硬質地盤の場合が多い。岩盤にまで達するボーリングが掘られ，地中と地表に強震計が設置され，地表から地中地震計までの地盤の PS 検層も行われている。

さらに，国レベルおよび地域レベルの初動対応に資するための震度情報を得ることを目的として，気象庁は 600 地点強で，各都道府県は約 3,300 地点で，それぞれ震度計による震度を観測している。震度計は計測震度を自動的に計算できる加速度型強震計の一種である。このうち，各都道府県の震度計は 1 市区町村 1 観測点を原則として 1996 年に設置された。全国約 3,300 地点のうち，約 500 地点では K-NET ないし気象庁のデータを分岐して利用しており，独自の観測点は約 2,800 地点である。当初は一部の都道府県で計測震度だけを観測して加速度波形が保存されないものもあったが，その後の震度計の更新で波形も保存されるようになった。また，国土交通省も，地方整備局や地方事務所の初動体制に資するために全国約 700 ヵ所に強震計を設置したが，2014 年に廃止となった。

これらの強震観測網の観測点の分布を図 2.2 に示す。山地部以外は，かなりの密度で強震観測点が存在していることがわかる。これらに加えて，横浜市などの政令指定都市，鉄道会社や高速道路会社，ガス会社，電力会社などの民間企業，旧国立研究所や大学などの研究機関などでも強震観測が行われている。例えば，横浜市は市内 150 地点 (2012 年以降は 42 地点) に，JR 東海では在来線や新幹線の沿線の 100 地点以上に，東日本高速道路は料金所等の

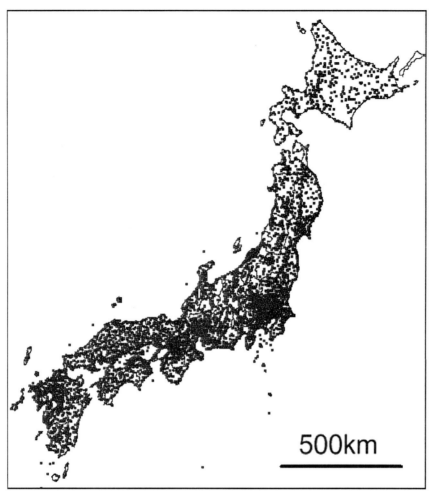

図 2.2 主な強震観測網による強震観測点の分布 (沖縄等を除く)

200 地点以上に，東京ガスは地区ガバナーの約 4,000 地点に，港湾空港技術研究所は 61 の港湾に，それぞれ強震計を設置している．これらの観測点を含めると，全国の 1 万地点以上で強震観測が行われているものと推定される．

文　　　献

1) California Integrated Seismic Network : California Integrated Seismic Network Homepage. http://www.cisn.org/ (2016/10/14 アクセス).
2) Ishimoto, M.: Etude preliminaire sur l'acceleration des seismes, Bull. Earthq. Res. Inst., Univ. of Tokyo, Vol. 9, pp.159–167, 1931.
3) Kanai, K., K. Hirano, S. Yoshizawa and T. Asada: Observation of Strong Earthquake Motions in Matsushiro Area. Part 1.: Empirical Formulae of Strong Earthquake Motions, Bull. Earthq. Res. Inst., Univ. of Tokyo, Vol.44, pp.1269–1296, 1967.
4) 金井　清・他：広尾沖地震における釧路の強震記録と構造物の被害について，130pp., 1969.
5) 功刀　卓・青井　真・藤原広行：強震観測—歴史と展望—，地震, Vol.61, S19-S34, 2009.
6) 強震観測事業推進連絡会議：強震計全国的配置基本計画に関する報告書，45pp., 1988.
7) Pacific Northwest Seismic Network: Pacific Northwest Seismic Network Homepage. https://www.pnsn.org/ (2016/10/14 アクセス).

8) Suyehiro, K.: Engineering Seismology, Proceedings of the American Society of Civil Engineers, Vol.58, No.4, 110pp., 1932.

9) 田中貞二：わが国の強震観測事始めを振り返って，記念シンポジウム「日本の強震観測 50 年」―歴史と展望―講演集，pp.7-16，2005.

10) Trifunac, M.: 75th anniversary of strong motion observation - A historical review, Soil Dynamics and Earthquake Engineering, Vol.29, pp.591-606, 2009.

11) Ulrich, F.: Progress Report for 1935 of the California Seismological Program of the United States Coast and Geodetic Survey, Bull. Seism. Soc. Am., Vol. 26, pp.215-227, 1936.

12) U. S. Geological Survey: National Strong Motion Project. https://earthquake.usgs.gov/monitoring/nsmp/ (2016/10/14 アクセス).

13) Watanabe, T.: Accumulation of strong ground motion records in Japan, Earthquake Motion and Ground Conditions, pp.527-533, 1993.

2.2 強震計の種類

初期に開発された強震計は振り子の動きを記録紙に描くもので，アナログ式強震計と呼ばれる。1932 年に米国で最初に開発された強震計 (C&GS 標準型) は幅 6 インチ (約 15 cm) の印画紙に加速度計の動きが光学的に記録されるもので，最大加速度 0.2g 前後で記録紙から振り切れてしまうような設定がなされていた (Cloud, 1964)。その後，記録紙の幅は 12 インチに拡大された。1960 年代には最大加速度 1g まで記録できるもの (AR-240) や 70 mm 幅のフィルムに記録するコンパクトなもの (RFT-250) が開発された。1969 年に開発された SMA-1 強震計は約 9 kg とさらに軽量で，7,000 台以上が販売され，このうち 5,000 台以上が米国外の世界各地で用いられ，多くの強震記録を生み出した (工藤，1994)。なお，これら米国の強震計は，固有振動数 20～25 Hz，減衰定数 60%の振り子を用いている。

強震計は高価で多数導入することが困難なことから，サイスモスコープと呼ばれる簡易な感震器も米国で 1950 年代末に開発された (Cloud, 1964)。これは周期 0.75 秒，減衰定数 10%の振り子の軌跡を記録するものである。減衰定数 10%とすれば局所的なピークがつぶれて応答スペクトルが比較的スムーズとなり，周期 0.75 秒程度以上で速度応答スペクトルはほぼ一定となることから，この周期と減衰定数が設定された。1962 年の時点で 100 台以上がカリフォルニアに設置された。

一方，1953 年にわが国で開発された強震計 (SMAC-A 型) は加速度計の動きを幅 30 cm のスタイラス紙に引っ掻いて記録するもので，外形寸法は高さ 56 cm，幅 74 cm，奥行 84 cm で，重量は約 300 kg であった (田中，2005)。加速度計の振り子の固有振動数は 10 Hz，減衰定数は 100%である。1,000 gal (cm/s^2) まで記録可能で，記録紙上の感度は 25 gal/mm である。SMAC-A 型強震計は大型なため，小型軽量化された SMAC-B 型強震計が 1959 年に開発されたが，それでも重量は 100 kg であった。振り子の固有振動数を 0.7 倍にして感度を 2 倍にした SMAC-B2 型強震計も製作され，港湾などの土木施設に多数設置された。写真 2.2 に SMAC-B2 型強震計の内部を示す。揺れが始まると中央のスタイラス紙が写真の右方向に 1 cm/秒の速度で進み，左から出ている 3 つのペンにより 3 成分の振り子の動きが加速度波形としてスタイラス紙に刻まれる。また，35 mm 幅のスクラッチフィルムに記録する，より小型で軽量 (約 30 kg) な SMAC-Q 型も開発された。1981 年の時点で，SMAC-A 型は 33 台，SMAC-B 型は約 700 台，SMAC-Q 型は約 200 台，販売された (明石製作所，1981)。

これらの強震計の周波数特性を図 2.3 に示す。米国の SMA-1 強震計は 20 Hz 程度まで平

2.2 強震計の種類

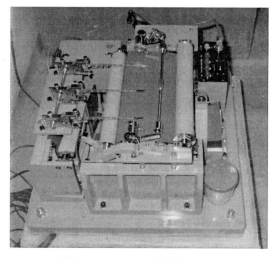

写真 2.2 SMAC-B2 型強震計の内部

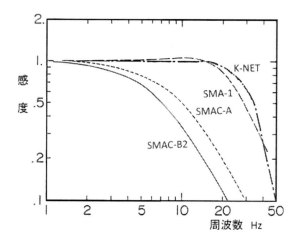

図 2.3 各種強震計の周波数特性

坦な特性を示すのに対して，わが国の SMAC-A 型強震計の感度は 10 Hz で 0.5 倍，20 Hz で 0.2 倍に低下する．振り子の固有振動数がより低い SMAC-B2 型強震計の高振動数での感度はさらに低く，10 Hz で 0.3 倍となっている．後述のデジタル式強震計では，加速度計は機械式から電磁式の加速度センサーに置き換えられ，高周波数での感度は向上しており，例えば，K-NET で用いられている強震計は 30 Hz 程度まで平坦な特性を持つ．

高振動数での特性は観測された最大加速度に影響を与える．例えば，日本で数多くの強震記録を生み出した SMAC-B2 型強震計は 5 Hz 程度以上になると感度が大きく低下し，近年のデジタル式強震計とは大きく感度が異なる．2011 年東北地方太平洋沖地震の際に，東北地方と関東地方での K-NET の強震記録 (水平成分) を用いて，SMAC-B2 型強震計の周波数特性を考慮した最大加速度振幅を計算し，K-NET 強震計で観測された最大加速度振幅と比較すると，図 2.4 のようになる．観測された 1000 cm/s^2 を越える最大加速度が，仮に SMAC-B2 型強震計で観測されていれば，半分程度にまで低下する場合がみられる．近年の大地震では以前に比べて大加速度の記録が多く観測されるようになったのは，観測点数が増大して観測

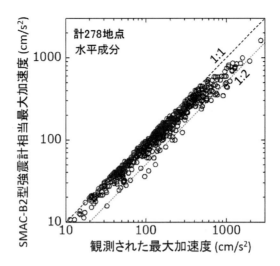

図 2.4 デジタル式強震計とSMAC-B2型強震計による最大加速度の比較

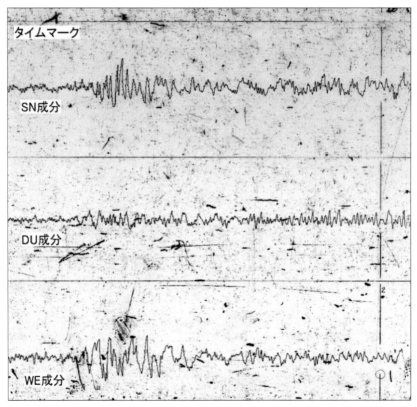

図 2.5 SMAC-B2型強震計による加速度波形の例

事例が増えたために加えて，強震計の高周波数での感度が向上したことにもよることが指摘できる．

図 2.5 にSMAC-B2型強震計で得られた加速度波形の例を示す．記録紙には1秒ごとのタイムマークと水平上下3成分の加速度が印されているが，記録紙の傷も刻まれている．記録

写真 2.3 強震記録読み取り用装置 (SMAC リーダー)

紙に描かれた波形を解析するには，波形から時刻ごとの値を読みとって，数値化データにする作業が必要である．初期には，米国での先例 (Neuman, 1937) を参考にして，得られた波形をスライドプロジェクターにより 5〜10 倍に拡大したものを透明セルロイドフィルム上に描き，これを光電式カーブリーダーにかけて電圧変化に直した後，AD 変換器によって数値化された (強震応答解析委員会, 1964)．このやり方では，非常に手間がかかり，また，記録の拡大の際にひずみが生ずるため，精度の高い読み取りが困難であった．

そこで，SMAC 型強震計で得られた記録紙を直接数値化するための装置 (SMAC リーダー) が 1965 年に試作され (武藤・小林, 1965)，1967 年に製品化された．写真 2.3 に示すように，奥行 50 cm，幅 1m 弱の台の上に，移動装置がついた読み取り用のルーペが装着されている．ルーペは縦方向 (振幅方向) に最大 100 mm 移動でき，目視でルーペの中心を波形にあわせることで，振幅を読み取ることができる．ルーペは横方向 (時間軸方向) に 1 ステップ (0.1 mm) ずつ移動でき，波形を追跡しながら各ステップでの振幅を読み取り，時刻歴波形が数値化される．米国でも，ほぼ同時期に同様の読み取り装置が用いられている (Trifunac, 2007)．

記録紙の紙送り速度は 1 cm/秒なので，0.01 秒ごとの振幅を数値化できる．横方向の移動量は最大で 50 cm で，50 秒間の波形が一度に数値化できるが，この場合，読み取り者は目視でルーペの中心を波形にあわせる作業を 5,000 回繰り返すことになる．水平上下 3 成分となると，この 3 倍の作業が必要とされる．例えば，SMAC 型強震計の 30 秒間の記録を数値化する作業に 8 時間程度を要するといわれている (年縄・他, 1991)．

縦方向の振幅の精度は機械的には 0.01 mm である．SMAC-B 型および SMAC-B2 型強震計の感度は，それぞれ 25 gal/mm および 12.5 gal/mm であるので，分解能はそれぞれ 0.25 gal および 0.125 gal となる．しかし，目視で読み取る際の誤差や記録紙に蛇行やひずみが生ずることなどから，数値化されたデータにはそれ以上の誤差が含まれ，SMAC-B 型強震計の場合には 2〜3 gal が最小分解能ともいわれている (工藤, 1994)．そのため，震度 5 弱程度以上の大きな揺れでないと数値化がされない場合が多い．また，数値化されても，読み取り誤差や記録紙の蛇行等により短周期および長周期帯域でノイズを生じ，SMAC 型強震計による記録の数値化記録の信頼できる周期範囲は 0.1 秒から 5 秒程度である．現在でも記録紙に記録された古い地震記録を解析する際には読み取り作業が必要であるが，高精度のスキャ

写真 2.4　各種の強震計
(左上:SMA-1 強震計，右上：SMAC-B2 型強震計，左下：ETNA 強震計：右下：ETNA2 強震計)

ナーで数値化した波形画像をコンピューターの画面上で編集することで労力は減少している。

1970 年代始めには，加速度計からの出力電圧を FM 変調してカセットテープに記録する電子アナログ式強震計が開発された。これにより，記録された電圧を再生して AD 変換器で自動的に数値化でき，目視による読み取り作業から解放された。さらに，1970 年代後半には加速度計からの出力電圧をデジタル値で直接記録するデジタル式強震計が開発された。初期のものは AD 変換器の分解能が 12 bit であったが，その後，1980 年代末に 16 bit，1990 年代には 24 bit と分解能が高くなった。初期の 24 bit の AD 変換器は実効分解能が 18〜19 bit であったが，最近のものは 22 bit 以上に向上している。また，最大加速度の測定範囲も $1g$ から $2g$ に拡大され，さらに 2003 年度から K-NET に導入された強震計では $4g$ にまで拡大されている (藤原・他，2007)。この強震計は測定範囲が拡大されたにもかかわらず，22 bit 以上の分解能を持つために，最小分解能は 0.6 mgal 程度で，旧式の SMAC 型強震計の 1,000 倍程度の分解能を持つ。

このようにして，現在では，震度 1 の小さな揺れから震度 7 の激しい揺れまで精度よく記録されるようになった。写真 2.4 は，1950 年代末および 1960 年代末に開発されたアナログ式強震計 (SMAC-B2 型強震計および SMA-1 強震計) と 1990 年代および 2010 年代に開発されたデジタル式強震計 (ETNA 強震計および ETNA2 強震計) を並べて写したものである。

SMAC-B2 型強震計が重さ 100 kg, 幅・奥行 53 cm, 高さ 40 cm であるのに対して, 最新鋭の強震計では重さ 1.5 kg(電源除く), 幅・奥行 15 cm, 高さ 7.5 cm となり, 電子技術の進歩により強震計は小型で高精度なものへと進化している。

文 献

1) 明石製作所：強震計 SMAC シリーズ パンフレット, 1981.
2) Cloud, W.: Instrument for Earthquake Investigation, Earthquake Investigations in the Western United States 1931–1964, pp.5–20, 1964.
3) 藤原広行・功刀 卓・安達繁樹・青井 真・森川信之：新型 K-NET：強震動データリアルタイムシステムの構築, 日本地震工学会論文集, Vol.7, No.2, pp.2–16, 2007.
4) 工藤一嘉：強震観測—現状と展望—, 地震, Vol.47, pp.225–237, 1994.
5) 強震応答解析委員会：SERAC に使用した地震記録のディジタル量, SERAC Report No.6 Part 1, 68pp., 1964.
6) 武藤 清・小林啓美：強震記録のアナログ・ディジタル変換装置の研究, 建築雑誌 研究年報 '65, No.962, pp.618–619, 1965.
7) Neumann, F.: An Appraisal of Numerical Integration Methods as Applied to Strong-Motion Data, Bull. Seism. Soc. Am., Vol.27, pp.21–60, 1937.
8) 田中貞二：わが国の強震観測事始めを振り返って, 記念シンポジウム「日本の強震観測 50 年」—歴史と展望—講演集, pp.7–16, 2005.
9) 年縄 巧・翠川三郎・大町達夫・中村 豊：パソコンとイメージスキャナーよりなるアナログ強震記録の解析システム, 構造工学論文集, Vol.37A, pp.903–910, 1991.
10) Trifunac, M.: Recording Strong Earthquake Motion – Instruments, Recording Strategies and Data Processing, USC Report CE 07–03, 78pp., 2007.

2.3 強震動データ

SMAC 型強震計の観測記録の公表については, 1960 年から波形集が刊行された (Strong-Motion Earthquake Observation Committee, 1960)。これは, 利用者が周期や振幅を読み取れるような配慮から, 原寸大の記録波形がオフセット印刷されたものである。強震記録の数値化データの刊行については, 強震応答解析委員会 (1964) によるものが初めてであろう。その後, 前述の波形読み取り装置 (SMAC リーダー) の開発にともなって, 記録の数値化が大学や国立研究所などで行われ, 各機関から数値化データや応答スペクトルが公表されるようになり (例えば, 土田・他, 1968；小林, 1968；栗林・他, 1973；建設省建築研究所, 1976；大沢・他, 1976；国立防災科学技術センター, 1979；青木・他, 1979), 複数の機関で数値化されたデータ集 (Committee for Digitized Strong-Motion Earthquake Accelerograms, 1972) も刊行されるようになった。特に, 港湾技術研究所 (現港湾空港技術研究所) は 1968 年以降長期間にわたって定期的に数値化データ集を刊行し, それらのデータはインターネット上から利用可能になっている (港湾空港技術研究所, 2016)。しかしながら, これら以外では, SMAC 型強震計等によるアナログ強震記録の数値化データの公開は限られていた (例えば, 吉澤, 1991)。

1980 年頃からはデジタル型強震計が普及し始め, 強震観測に関係する機関は増加していったが, データの公表については各機関個別に行われ (例えば, 澤田・他, 1986；北海道開発局開発土木研究所, 1994；建設省建築研究所, 1999), ユーザーにとって利用しにくい状況であった。そこで, 関連学会等により特定の地震や地点について強震記録を収集しデータ集

を刊行することも行われてきた (例えば，Architectural Institute of Japan, 1992；日本建築センター，1992；震災予防協会，1993；日本建築学会，1996；Japan Commission on Large Dams, 2002；日本地震工学会，2016)。しかし，これらの強震観測の多くは各研究機関が特定の研究目的で設置しているもので，速やかな記録公開を考慮したものではないために，強震記録の利用には制限があった。

兵庫県南部地震を契機に構築された K-NET 強震観測網は，このような状況を打破し，速やかな全国的強震記録の収集と公開を図れるよう設計された (大谷，1996)。その結果，約 1,000 地点の観測点で得られた記録は即座に電話回線等で観測センターに回収され，迅速にインターネット上で公開されるようになった。前述の KiK-net によるデータも K-NET のデータとともにインターネット上からダウンロードできる (防災科学技術研究所，2016)。インターネット等による強震記録の提供は前述の港湾空港技術研究所を始め気象庁や建築研究所，東大地震研究所など他機関でも行われており，それぞれの事例については日本建築学会強震観測小委員会 (2013) によりまとめられている。

米国の強震記録については，全米地質調査所とカリフォルニア州地質調査所による工学強震データセンター CESMD (The Center for Engineering Strong Motion Data) からダウンロードでき (Haddadi et al., 2012)，世界各地の強震記録は強震観測機関共同体 COSMOS (The Consortium of Organizations for Strong-Motion Observation Systems) からダウンロードできる (COSMOS, 2016)。ヨーロッパの強震記録についてもデータベースが整備されている (Luzi et al., 2016)。その他の国，例えば，ニュージーランド，メキシコ，トルコ，ロシア，インド等の強震データベースについては，Building Research Institute (2016) にリンク集がある。

文　　献

1) 青木武志・太田　裕・酒井良男：北海道における SMAC 記録―その整理と解析―，自然災害科学資料解析研究，Vol.6，pp.34–47，1979.

2) Architectural Institute of Japan: Digitized Strong-Motion Earthquake Records in Japan, Vol.1 East Off Chiba Prefecture Earthquake, Dec. 17, 1987, 291pp., 1992.

3) 防災科学技術研究所：強震観測網．http://www.kyoshin.bosai.go.jp/kyoshin/ (2016/10/21 アクセス).

4) Building Research Institute: Strong Motion Network and Database. http://smo.kenken.go.jp/ja/weblinks (2016/10/21 アクセス).

5) Committee for Digitized Strong-Motion Earthquake Accelerograms: Digitized Strong-Motion Earthquake Accelerograms in Japan, Association of Science Documents Information, 1972.

6) COSMOS : Consortium of Organizations for Strong-Motion Observation Systems. http://www.cosmos-eq.org/VDC/index.html (2016/10/21 アクセス).

7) Haddadi, H. et al.: Report on Progress at the Center for Engineering Strong Motion Data (CESMD), Proceedings of the 15th World Conference on Earthquake Engineering, Paper#3317, 2012.

8) 北海道開発局開発土木研究所：平成 6 年北海道東方沖地震 (速報) 資料編，135pp.，1994.

9) Japan Commission on Large Dams: Acceleration Records on Dams and Foundations, No.2, 2002.

10) 建設省建築研究所：構造物・地盤地震動観測記録集，建築研究資料，No.12，1976.

11) 建設省建築研究所：仙台高密度強震観測総合報告書，283pp.，1999.

12) 小林啓美：八戸港の強震記録の Response Spectra，1968 年十勝沖地震災害調査報告，日本建築学会，pp.21–29，1968.

13) 国立防災科学技術センター：強震記録数値化集 (第 1 集)，防災科学技術研究資料，No.40，1979.

14) 港湾空港技術研究所：港湾地域強震観測．http://www.mlit.go.jp/kowan/kyosin/eq.htm (2016/10/17 アクセス)．

15) 栗林栄一・川島一彦・若月高晴・高木義和：地震記録のディジタル数値改訂版 (その 1〜その 3)，土木研究所資料，第 876 号，1973．

16) 強震応答解析委員会：SERAC に使用した地震記録のディジタル量，SERAC Report No.6 Part 1, 68pp., 1964.

17) Luzi, L. et al.: The Engineering Strong-Motion Database: A Platform to Access Pan-European Accelerometric Data, Seismological Research Letters, Vol.67, No.4, pp.987–997, 2016.

18) 日本地震工学会：強震データ．http://www.jaee.gr.jp/jp/stack/data/ (2016/10/17 アクセス)．

19) 日本建築学会：1995 年兵庫県南部地震強震記録資料集，265pp., 1996．

20) 日本建築学会強震観測小委員会：日本の強震観測，強震観測の手引き．http://wiki.arch.ues.tmu.ac.jp/KyoshinTebiki/index.php, 2013 (2016/10/21 アクセス)．

21) 日本建築センター：免震構造建築物—その技術開発と地震観測結果—，1992．

22) 大沢　胖・田中貞二・坂上　実・吉沢静代：松代群発地震地域における強震記録のディジタル・データ，強震観測資料第 1 号，東京大学地震研究所強震計観測センター，1976．

23) 大谷圭一：全国強震ネットワークの構築，地震工学振興会ニュース，No.147, pp.27–29, 1996．

24) 澤田義博・矢島　浩・佐々木俊二・石田勝彦：1983 年日本海中部地震の岩盤上加速度波形の特性，電力中央研究所報告 385058, 1986．

25) 震災予防協会：強震動アレー観測，No.1, 190pp., 1993．

26) Strong-Motion Earthquake Observation Committee Strong-motion Earthquake Records in Japan, 1, Earthquake Research Institute, Univ. of Tokyo, 1960.

27) 土田　肇・山田通一郎・倉田栄一・須藤克子：港湾地域強震年報 (1963・1964)，港湾技術研究所資料，No.55, 1968．

28) 吉澤静代：強震記録のディジタル・データ強震観測資料，東京大学地震研究所，1991．

3

震源域およびその周辺で観測された強震記録

3.1 震源域およびその周辺での観測事例

　強震観測が進展するとともに，震源域付近での強震記録が観測されてきた。ここでは，2.1節で述べた1933年のロングビーチの記録や1940年のエルセントロの記録も含め，大地震の際に震源域やその周辺で観測された強震記録について紹介する。

a) 1933年ロングビーチ地震 ($M_W6.4$) の強震記録

　この記録は世界初の強震記録と呼ばれるもので，ロサンゼルス南方に位置するロングビーチの4階建てビルの地下1階で得られた。この記録をもたらしたロングビーチ地震は北西–南東方向の右横ずれ断層によるもので，図3.1に示すように，断層での破壊は観測点から約25 km南東のところで始まり，観測点から約10 km南東のところまで一方向に伝播したものとされている (Hauksson and Gross, 1991)。したがって，この記録は震源断層の近くで観測されたもののひとつといえる。

　この記録は図3.2に示すように，水平動および上下動の最大加速度はそれぞれ$0.2g$程度である。S波初動部から完全には得られていないが，記録の主要動部の継続時間は7秒程度と短い。加速度を積分して得られる最大速度は水平動および上下動とも約30 cm/sである。観測点の表層地盤は沖積の砂質土で，地盤のS波速度は，地表から深さ5 mまでは約260 m/s，深さ5～17.5 mで約350 m/s，深さ17.5～27.5 mで約410 m/sの値が得られている (Gibbs et al., 1980)。

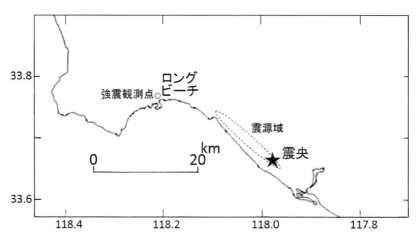

図 3.1　1933年ロングビーチ地震の震央，震源域，強震観測点の位置

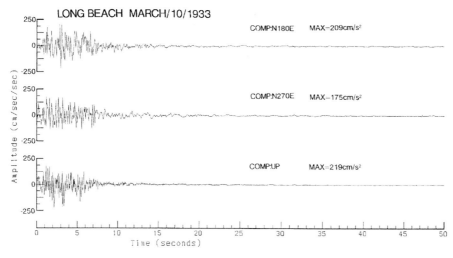

図 3.2　1933 年ロングビーチ地震の加速度波形

　この地震での被害としては，ロングビーチ市内の古い煉瓦造建物 1264 棟のうち，倒壊したものが 14 棟，取り壊されたものが 58 棟，被害を受けた壁などが部分的に取り除かれたものが 305 棟であり，小破程度の被害が多かった (Martel, 1965)．強震観測点周辺の被害率は 20～30% 程度で，大きな最大加速度が観測された割には被害のない建物も多く，この記録は当時，耐震工学上の課題を示した (金井，1966)．

文　　　献

1) Gibbs, J., T. Fumal and E. Roth: In-situ Measurements of Seismic Velocity at 27 Locations in the Los Angeles, California Region, USGS Open-File Report 80–378, 1980.
2) Hauksson, E. and S. Gross: Source Parameters of the 1933 Long Beach Earthquake, Bull. Seism. Soc. Am., Vol.81, pp.81–98, 1991.
3) 金井　清：エンジニアリング サイスモロジー，地震，Vol.19, pp.23–30, 1966.
4) Martel, R.: Earthquake damage to type III buildings in Long Beach, 1933, Earthquake investigations in the Western United States 1931–1964, U. S. Coast and Geodetic Survey, Publ. 41–2, pp.213–222, 1965.

b) 1940 年インペリアルバレー地震 ($M_W 7.0$) の強震記録

　この地震のエルセントロでの記録は観測当時，最大級の強震記録であり，その後，構造物の地震応答解析の際に入力地震動として広く用いられた．エルセントロはサンディエゴの約 100 km 東方のインペリアルバレーに位置する．この地域は地質構造的に複雑な所で地震の発生頻度が高いため，2.1 節で述べたように，1932 年にエルセントロ変電所の半地下に強震計が設置され (写真 3.1 参照)，この地震の際に強震動を観測するのに成功した．

　1940 年インペリアルバレー地震は，図 3.3 に示すように，長さ約 30 km，幅 10 km 弱の鉛直な断層面によるもので，断層面上の破壊はエルセントロの南東約 15 km に位置する震源から始まって，主に南東方向に約 30 km 伝播したものとされている．主な破壊は観測点に近い地点①から観測点に遠い地点④の順に生じ，地点①，②，③では M6～6.5 に相当する規模の破壊が生じ，地点④では M7 程度に相当する破壊が生じたものとされている (Trifunac, 1972)．このように断層面での複数の破壊が観測点から遠ざかるように生じたために，この記

写真 3.1 強震計が設置されていた変電所

図 3.3 1940 年インペリアルバレー地震の震源破壊過程

録は 30 秒程度大きな振幅が継続している。

この記録の原波形を図 3.4 に示す (Ulrich, 1941)。3 本の波形は，上から，上下動成分，南北動成分，東西動成分である。これら 3 つの波形は重なり合っており読み取りにくいが，3 成分とも記録紙上で飽和している部分がある。全米沿岸測地局では，地震直後にこの記録を数値化し，その際に飽和している部分を外挿して，上下動，南北動，東西動の最大加速度をそれぞれ $0.23g$，$0.35g$，$0.27g$ と推定している (Neumann, 1940)。

この記録は 1950 年代に Berg and Thomaides (1959) によって再数値化され，南北動および東西動の最大加速度はそれぞれ $0.33g$ および $0.23g$ と読み取られた。このデータのパンチカードは Berg の IBM カードとして耐震工学の分野で使われた。しかし，数値化されたデータには数値化した人間の判断による不確実な部分が含まれていることから，1960 年代末に Trifunac (1969) により再度注意深く数値化され，これがカリフォルニア工科大学による数値化記録として現在広く使われている (図 3.5)。図 3.6 および図 3.7 にそれぞれ振り子の特性補正後の加速度波形および擬似速度応答スペクトルを示す。

観測点の地盤はシルト層からなる沖積地盤である。地表近くの地盤の S 波速度 (Vs) は 180 m/s 程度，比較的軟らかい地盤である。地盤の Vs は深さと共に徐々に増大し，深さ 85 m

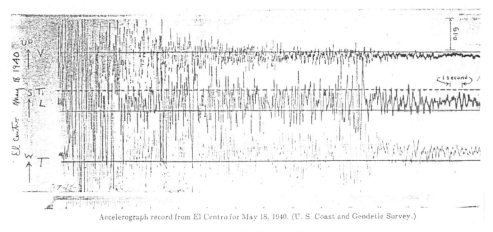

図 3.4 1940 年エルセントロの強震記録の原波形 (Ulrich, 1941)

3.1 震源域およびその周辺での観測事例

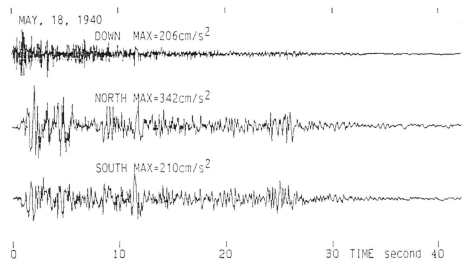

図 3.5　Trifunac により数値化された 1940 年エルセントロの強震記録

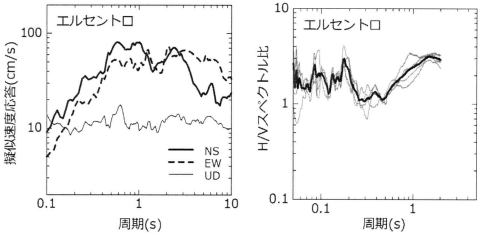

図 3.6　1940 年エルセントロの速度応答スペクトル　　図 3.7　常時微動の H/V スペクトル比

では 450 m/s 程度となる (Porcella, 1984)。深い地盤構造については屈折法により P 波速度 (Vp) の構造が明らかにされており，最上層の Vp は 1.8 km/s で，深さと共に速度は増大し，深さ 5 km で 5.5 km/s 程度となる (Fuis et al., 1982)。

このように S 波速度が深さ方向に徐々に変化し，はっきりとした境界を持たない構造のために，地盤の増幅特性に強い周期性が現れないもの考えられる (翠川，1988)。図 3.7 に示すように，強震観測点付近での常時微動の H/V スペクトル比にも強い周期性はみられない (Midorikawa et al., 1985)。このことが，図 3.6 に示すように，この記録の速度応答スペクトルに強い周期特性がみられない理由のひとつである。

文　　　献

1) Berg, G. and S. Thomaides: Punched Card Accelerograms of Strong Motion Earthquakes, Report 2881-1-P, Department of Civil Engineering, The University of Michigan, 1959.

2) Fuis, G.S. et al.: Crustal structure of the Imperial Valley region, U.S, Geological Survey Prof. Paper 1254, pp.25–49, 1982.
3) Midorikawa, S., K. Seo and T. Samano: Observation of Microtremors at Strong-motion Stations in the Imperial Valley, California, The 23st General Assembly of IASPEI Abstracts, Vol.2, p.485, 1985.
4) 翠川三郎：1940年のエルセントロの強震記録の特性，構造工学論文集，Vol.34B, pp.15–22, 1988.
5) Neumann, F.: Analysis of the EI Centro Accelerograph Record of the Imperial Valley Earthquake of May, 18, 1940, United States Earthquake, 1940, pp.58–69, 1940.
6) Porcella, R.: Geotechnical investigations at strong-motion stations in the lmperial Valley, California, U.S. Geological Survey Open-File Report 84–562, 1984.
7) Trifunac, M.: Appendix 2 The Imperial Valley Earthquake of May 18, 1940, Strong Motion Earthquake Accelerograms Digitized and Plotted Data, EERL Report 70–20, California Institute of Technology, pp.A1-A4, 1969.
8) Trifunac, M.: Tectonic Stress and the Source Mechanism of the Imperial Valley, California, Earthquake of 1940, Bull. Seism. Soc. Am., Vol.62, pp.1283–1302, 1972.
9) Ulrich, F.: The Imperial Valley Earthquake of 1940, Bull. Seism. Soc. Am., Vol.31, pp.13–30, 1941.

c) 1966年パークフィールド地震 (M_W6.1) の強震記録

この地震では地表断層直近で初めて強震記録が得られた。パークフィールドはサンフランシスコとロサンゼルスのほぼ中間で，サンアンドレアス断層帯の近傍に位置する。この地域は地震活動が活発なため，5台の強震計と多数のサイスモスコープからなる強震観測アレイが1965年に完成されていた (Cloud and Perez, 1967)。図3.8にサイスモスコープによる地動軌跡と強震計設置点 (△)，地表断層の位置を示す。チョラメ2観測点は地表断層から80 mしか離れていない断層直近にある。

図3.9に示すように，この地点での最大加速度はN65°E成分で0.5g，上下成分で0.27gであり，N25°W成分は強震計の不調のため欠測だった。同地点でのサイスモスコープの軌跡は振り切れているが，隣接する観測点でのものと同様に断層直交方向に卓越しており (Hudson and Cloud, 1967)，断層近傍で断層直交成分が卓越することが示された最初の観測事例でもある。Aki (1968) はこの加速度記録を積分して求めた変位波形を用いて，震源近傍での地震動を断層モデルからの計算で再現できることを初めて示した。

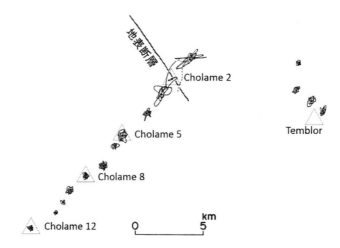

図3.8　1966年パークフィールド地震の際のサイスモスコープで得られた地動の軌跡

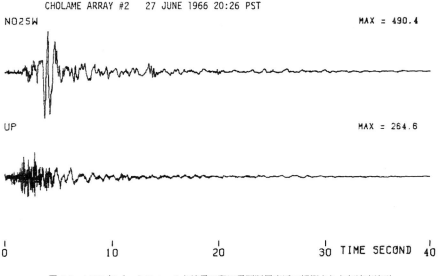

図 3.9 1966 年パークフィールド地震の際に震源断層直近で観測された加速度波形

文　　献

1) Aki, K.: Seismic Displacements near a Fault, Journal of Geophysical Research, Vol.73, pp.5359–5376, 1968.
2) Cloud, W.K. and V. Perez: Accelerograms -Parkfield Earthquake, Bull. Seism. Soc. Am., Vol.57, pp.1179–1192, 1967.
3) Hudson, D. and W. Cloud: An Analysis of Seismoscope Data from the Parkfield Earthquake of June 27, 1966, Bull. Seism. Soc. Am., Vol.57, pp.1143–1159, 1967.

d) 1968 年十勝沖地震 ($M_W 8.2$) の強震記録

この地震では，震源域を取り囲む複数の地点で M8 クラスの巨大地震の強震動の観測に初めて成功した．図 3.10 に観測点の位置と観測された加速度記録の包絡波形を示す．この地震の断層面は 100 km 強の長さを持ち，断層の破壊は南から北へ伝播した．伝播方向に位置する室蘭や広尾では継続時間が 30 秒程度と比較的短く，その逆に位置する宮古では継続時間が 1 分を大きく越えている．これらの中間に位置する青森や八戸では継続時間は 1 分程度となっている．図の破線は，断層を小要素に分割し，それらの小要素から射出された地震波の包絡波形を破壊伝播による時間遅れを考慮して重ね合わせて合成された包絡波形で，観測記録の特徴をおおむね説明しており (翠川・小林，1979)，破壊伝播方向との関係で継続時間が変化することを説明している．

これらの記録は，この地震以前に観測された中小地震の記録と異なり，長周期成分の振幅が大きい．特に八戸 (八戸港湾) の記録は周期 2.5 秒の成分が卓越し，長周期地震動研究の先駆けとなる (大沢，1972) とともに高層建築物の動的解析用地震動としてよく用いられている．八戸港湾の記録の数値化データとしては，(a) 港湾技術研究所によるもの (土田・他，1969)，(b) 東京工業大学小林研究室によるもの (小林，1968)，(c) 東京工業大学翠川研究室によるもの (翠川・三浦，2010) がある．(a) は記録開始から 119 秒間が，(b) は記録開始の 15 秒後から 120 秒間が数値化されている．しかし，記録は約 4 分間得られており，(a) および (b) では後続部分が数値化されていないことから，全区間を再数値化したものが (c) である．なお，

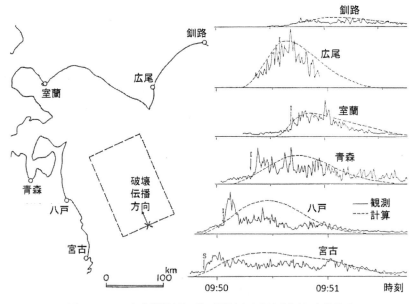

図 3.10 1968 年十勝沖地震の際に観測された加速度記録の包絡波形

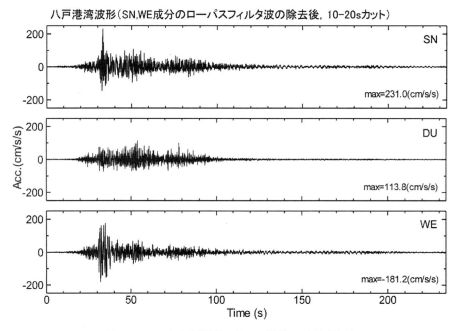

図 3.11 1968 年十勝沖地震の際の八戸港湾での加速度波形

日本建築センター (1994) から高層建築物の動的解析用に提供されている波形は (b) から主要動部分の 36 秒間ないし 51 秒間を切り取ったものである．図 3.11 に再数値化された 234 秒の記録を示す．加速度の主要動は記録開始の約 20 秒後から約 2 分間継続しており，その後続の部分にも周期 2～3 秒の成分がみられる．

図 3.12 に，この記録の擬似速度応答スペクトル ($h = 0.05$) を示す．NS および EW 成分とも周期 2.6 秒に鋭いピークを持ち，周期 1 秒前後にもピークがみられる．周期 0.6 秒以下では振幅は小さく，やや長周期成分が卓越している．観測点の地盤は砂層からなる沖積地盤

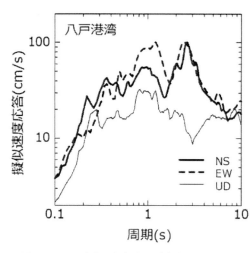
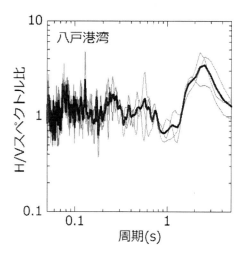

図 3.12 八戸港湾の強震記録の速度応答スペクトル　　図 3.13 八戸港湾での常時微動の H/V スペクトル比

である。地盤の S 波速度は地表近くで 100 m/s，深さ 5 m で約 200 m/s，約 10 m 以深で 400 m/s 程度の値をとる (藤原, 1971)．さらに深さ 200 m 弱で 700 m/s 程度の値となり，深さ 400 m 弱で S 波速度 3,000 m/s 程度の地震基盤に達する (大沢, 1972)．この深さでの速度コントラストが大きいため，この深さまでの地盤構造による卓越周期約 2.5 秒で地震波は大きく増幅される．このような地盤特性は図 3.13 に示す常時微動の H/V スペクトル比にもみられ，八戸港湾は周期約 2.5 秒が顕著に卓越する地盤に位置する観測点である．

文　　献

1) 藤原俊郎：地震波推定のための地下構造調査，鉄道技術研究資料，28-7，pp.319–324，1971.
2) 小林啓美：八戸港の強震記録の Response Spectra，1968 年十勝沖地震災害調査報告，日本建築学会，pp.21–29，1968.
3) 翠川三郎・小林啓美：地震断層を考慮した地震動スペクトルの推定，日本建築学会論文報告，No.282，pp.71–81，1979.
4) 翠川三郎・三浦弘之：1968 年十勝沖地震の八戸港湾での強震記録の再数値化，日本地震工学会論文集，Vol.10, No.2, pp.12–21, 2010.
5) 日本建築センター：高層建築物の動的解析用地震動に関する研究，日本建築センター平成 6 年度研究助成報告書，No.9404, 1994.
6) 大沢　胖 (研究代表者)：1968 年十勝沖地震における八戸港湾の強震記録と地盤特性，文部省科学研究費 (特定) 報告書「構造物災害に対する地震動特性の研究」，106pp., 1972.
7) 土田　肇・他：1968 年十勝沖地震とその余震の港湾地域における強震記録，港湾技研資料，No.80, 476pp., 1969.

e) 1971 年サンフェルナンド地震 ($M_W 6.6$) の強震記録

この地震では，南カリフォルニアで展開されていた強震計ネットワークにより多数の強震記録が得られた (Hudson, 1971)．多くは建物内で観測されたものであるが，地盤上のものとみなせるものも 70 記録程度得られた．この地震はロサンゼルス中心部の北方約 50 km に位置する北下がりの逆断層によるものである (図 3.14 参照)．断層直上に位置するパコイマダムでは最大加速度 $1g$ を越える強震記録が初めて観測され (図 3.15 参照)，注目された．この

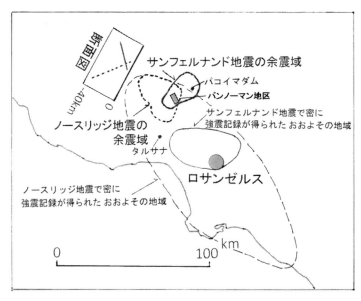

図 3.14　1971 年サンフェルナンド地震および 1994 年ノースリッジ地震の余震域

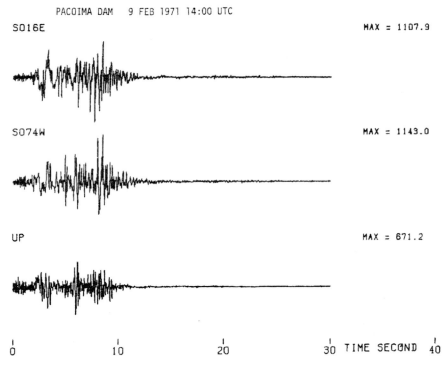

図 3.15　1971 年サンフェルナンド地震の際のパコイマダムでの加速度波形

ダムはアーチ式コンクリートダムで，観測点はダム左岸の急峻な尾根上にあり，大きな最大加速度は地形効果によるとの指摘がある (Trifunac and Hudson, 1973)．

この地震で得られた強震記録の数値化はカリフォルニア工科大学によりなされ，1971 年から 1974 年にかけて 231 記録の数値化データが順次，公開された (例えば，EERL, 1971)．数値化の際に使用されたデータ処理プログラムも公開され (Trifunac and Lee, 1973)，強震

記録の数値化の標準化が進んだ。カリフォルニア工科大学では強震記録の数値化を 1960 年代後半から積極的に進めてきたが，この地震以前に数値化された記録は，1940 年のエルセントロや 1952 年のタフトの記録などの 40 記録に過ぎず (例えば，EERL, 1970)，この地震により，利用できる強震記録の量は飛躍的に増加した。その結果，震源モデルの推定 (例えば，Trifunac, 1974)，地盤特性の評価 (例えば，Hudson, 1972)，地震動の距離減衰特性 (例えば，Schnabel and Seed, 1972; Donovan, 1974) などについて多数の研究がなされ，この地震により米国での強震動研究が加速された。

文　　　献

1) Donovan, N.C. : A Statistical Evaluation of Strong Motion Data Including the Feburuary 9, 1971 San Fernando Earthquake, Proceedings of Fifth World Conference on Earthquake Engineering, Vol.2, pp.1252–1261, 1974.
2) EERL (Earthquake Engineering Research Laboratory) : Strong-Motion Earthquake Accelerograms, Digitized and Plotted Data, Volume I - Uncorrected accelerograms; Part A - Accelerograms IA1 through IA20, Report EERL 70-20, California Institute of Technology, 1970.
3) EERL (Earthquake Engineering Research Laboratory) : Strong-Motion Earthquake Accelerograms, Digitized and Plotted Data, Volume I - Uncorrected accelerograms; Part C - Accelerograms IC41 through IC55, Report EERL 71-20, California Institute of Technology, 1971.
4) Hudson, D.: Strong Motion Records from the San Fernando Earthquake A. Accelerogram Processing, Engineering Features of the San Fernando Earthquake of February 9, 1971, Report EERL 71-02, pp.58–109, 1971.
5) Hudson, D.E.: Local Distribution of Strong Earthquake Ground Motions, Bull. Seism. Soc. Am., Vol.62, No.6, pp.1765–1786, 1972.
6) Schnabel, P.B. and H.B. Seed: Accelerations in Rock for Earthquake in the Western United States, Bull. Seism. Soc. Am., Vol.63, No.2, pp.501–516, 1972.
7) Trifunac, M.: A three-dimensional dislocation model for the San Fernando, California, earthquake of February 9, 1971, Bull. Seism. Soc. Am., Vol.64, No.1, pp.149–172, 1974.
8) Trifunac, M. and D. Hudson: Analysis of the Pacoima Dam Accelerogram –San Fernand, California, Earthquake of 1971, Bull. Seism. Soc. Am., Vol.63, pp.1393–1411, 1973.
9) Trifunac, M.D. and V.W. Lee: Routine Computer Processing of Strong-Motion Accelerograms, Report EERL 73-03, California Institute of Technology, 1973.

f) 1979 年インペリアルバレー地震 (M_W6.5) の強震記録

　1940 年インペリアルバレー地震の際に強震記録が観測されたエルセントロ周辺では，その後，1970 年代の初めにインペリアルバレーの数点に強震計が加えられて強震アレイが展開され始め，1979 年インペリアルバレー地震の約 2 週間前に強震アレイが完成された。その結果，震源断層を取り巻く多数の地点で強震記録が得られた。インペリアルバレーでの強震観測点の配置を図 3.16 に示す。北西–南東の走行を持つインペリアル断層を中心として長さ 100 km 程度，幅 50 km 程度の地域に 30 地点以上の強震観測点が設置され，これらのうち，13 地点 (E01～E13) が断層を横切るように配置された。なお，このうち，E09 は 1940 年の記録が得られた地点である。

　この地震では，これらの観測点すべてで記録が得られ，水平動で 0.5g を越える最大加速度が 7 地点で観測された。これほど多数の記録が断層周辺で得られたのは初めてのことといってよい。なお，断層から約 1 km 東の E06 での上下動成分に 1.74g という大きな最大加速度が得られた。一方，断層をはさんでほぼ対称の位置にある E07 での上下動成分の最大加速度

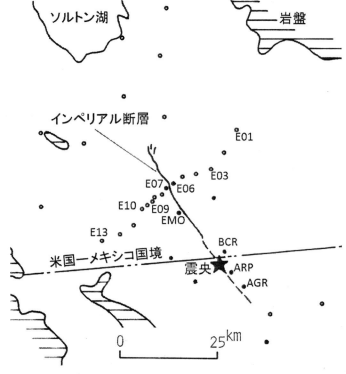

図 3.16 1979 年インペリアルバレー地震の震央, 断層および強震観測点

は 0.5g 程度で, E06 での大きな上下動はサイト特性によるものと推定されている (Mueller et al., 1982)。

断層近傍での地震動は, 前述のパークフィールド地震の場合と同様に, 断層の走向と直交方向の成分 (N230°E 成分) が卓越している (翠川, 1985)。その速度波形を図 3.17 に示す。この地震は横ずれ断層によるもので, 断層面上の破壊は観測点 BCR と ARP の中間点付近で始まり, 主に北西方向に伝播した。破壊が近づいてくる観測点 E07 や EMO では振幅の大きなパルスが観測され最大速度は 100 cm/s を超えている。一方, 破壊が遠ざかる観測点 BCR や ARP, AGR ではパルス的な波形はみられず最大速度は 50 cm/s 程度であり, 継続時間が長くなっている。これは, 後述するように, 断層近傍での地震動に対する破壊伝播の影響によるものである。

これら多数の記録により, すべり量や破壊伝播速度を不均一とした複雑な断層モデルが推定可能となった。地震動の短周期成分を説明するために, 複雑な断層運動が導入され, 例えば, EMO 地点付近では破壊伝播速度が S 波速度を越えたとの推定もなされている (Olson and Apsel, 1982)。また, これらの記録を用いて, 震源近傍まで適用可能な地震動の距離減衰式も提案された (Joyner and Boore, 1981; Campbell, 1981)。

文　献

1) Campbell, K.W.: Near-source attenuation of peak horizontal accelerations, Bull. Seism. Soc. Am., Vol.71, pp.2039–2070, 1981.
2) Joyner, W.B. and D.M. Boore: Peak horizontal acceleration and velocity from strong motion records including records from the 1979 Imperial Valley, California earthquake, Bull. Seism. Soc.

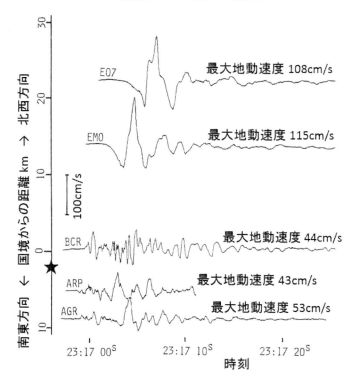

図 3.17 1979 年インペリアルバレー地震の際の断層付近での速度波形 (断層走行直交成分)

Am., Vol.71, pp.2011–2038, 1981.
3) 翠川三郎：1979 年インペリアルバレー地震から学んだもの，第 13 回地盤震動シンポジウム資料集，pp.77–86, 1985.
4) Mueller, C.S., D.M. Boore and R.L. Porcella: Detailed Study of Site Amplification at El Centro Strong-Motion Array Station #6, Proc. of the Third Int. Conf. on Earthquake Microzonation, pp.413–424, 1982.
5) Olson, A.H. and R.J. Apsel: Finite faults and inverse theory with applications to the 1979 Imperial Valley earthquake, Bull. Seism. Soc. Am., Vol.72, pp.1969–2001, 1982.

g) 1994 年ノースリッジ地震 ($M_W 6.7$) の強震記録

ロサンゼルス周辺では，1971 年サンフェルナンド地震当時からさらに強震観測網が強化され，その結果，この地震では，前出の図 3.14 の細点線で示すように，ロサンゼルス都市圏のより広い範囲で多数の強震記録が得られた。地震時には 700 台以上の強震計が作動し (Shakal and Huang, 1995)，地盤上の約 260 観測点で記録が観測された。この地震は 1971 年サンフェルナンド地震と同様にロサンゼルスの北方で発生したものであるが，サンフェルナンド地震とは異なり南下がりの逆断層によるもので，2 つの断層は共役な関係にある (図 3.14 参照)。

図 3.14 に太点線で示した余震域の直上では水平動の最大速度は 100 cm/s を越えたものと推定されている (Trifunac et al., 1996)。例えば，図 3.14 の灰色の四角で示したバンノーマン地区には電力や水道のための重要な施設があるため，4 km×2 km の範囲に 20 台の強震計が設置されていた (Bardet and Davis, 1996)。このうち，地盤上の観測点とみなせる 7 地点での速度波形 (断層走行直交方向) を図 3.18 に示す。岩盤上のロサンゼルスダムでの最大速度は約 60 cm/s であったが，他の地盤上の観測点では最大速度は 100 cm/s を越えた。リナ

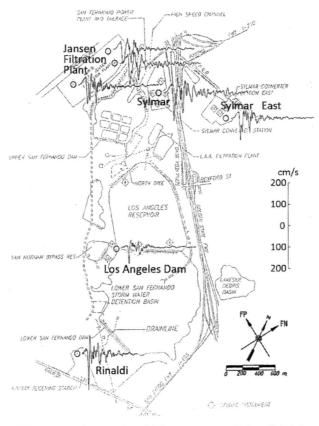

図 3.18 1994 年ノースリッジ地震のバンノーマン地区での速度波形

ルディでは最大速度約 170 cm/s が観測され，この地震が発生した時点では過去最大の値を示した。

サンフェルナンド地震の際に 1g を越える最大加速度が観測されたパコイマダムでは，この地震でも 1.6g の最大加速度が観測された。また，タルサナでは，水平方向および上下方向で，それぞれ最大加速度 1.9g および 1.2g が観測された。ただし，強震観測点周辺では被害はみられなかった。この観測点では 1987 年ウイティアーナローズ地震 ($M_L5.9$) でも水平動 0.61g と近隣の観測点に比べて突出した大きな加速度を記録している。この観測点は高さ 20 m 程度の丘の頂上にあり，地形等による影響が予想されることから，120 m 離れた丘から外れた地点で余震の比較観測が行われた。その結果，丘の頂上では周期 0.2〜0.3 秒で数倍程度揺れが大きいことが確認されており，タルサナでの大加速度の原因が地形等による影響であることが示唆されている (Shakal and Huang, 1995)。

文　　献

1) Bardet, J. and C. Davis: Engineering Observations on Ground Motion at the Van Norman Complex after the 1994 Northridge Earthquake, Bull. Seism. Soc. Am., Vol.86, pp.S333-S349, 1996.
2) Shakal, A. and M. Huang: Recorded Ground and Structure Motions, Earthquake Spectra, Vol.11, No.C, pp.13–96, 1995.
3) Trifunac, M., M. Todorovska and S. Ivanovic: Peak velocities and peak surface strains during

Northridge, California, earthquake of 17 January 1994, Soil Dynamics and Earthquake Engineering, Vol.15, pp.301–310, 1996.

h) 1995 年兵庫県南部地震 ($M_W 6.9$) の強震記録

この地震では，わが国で初めて都市直下地震の強震動が観測された。淡路島から神戸にかけて走る左横ずれの六甲断層系によって発生した地震により神戸市等では震災の帯と呼ばれる長さ 20 km，幅 1〜2 km の細長い地域で震度 7 に相当する甚大な被害が生じた。この地震の強震記録は比較的多数得られており，日本建築学会兵庫県南部地震特別研究委員会 (1996) による強震記録資料には約 130 地点で観測された波形が掲載されている。図 3.19 に震度 7 の地域とその周辺での強震記録の最大速度の分布を示す。震災の帯の縁に位置する TKT (JR 鷹取駅) や FKA (葺合) では最大速度は 100 cm/s を越え，震源断層付近のその他の観測点でも 100 cm/s 弱の最大地動速度が観測された。震災の帯の中央での観測記録はないが，周辺の記録を用いた地盤応答解析から 200 cm/s 程度の最大速度が推定されている (林・川瀬，1996)。

図 3.20 に断層付近で観測された速度波形を示す。前述のカリフォルニアの地震と同様に，断層走行直交方向 (N140°E 成分) の方が大きく，断層直交成分が卓越している。波形はパルス的で，周期 1〜2 秒成分が卓越している。このような大きなパルス的地震動が，木造家屋などに大きな被害をもたらしたものと考えられることから，キラーパルスとも呼ばれた。

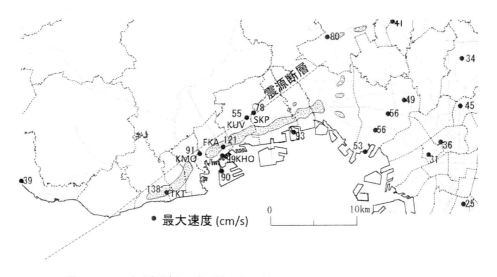

図 3.19　1995 年兵庫県南部地震の震災の帯 (網掛け部) と観測された強震記録の最大速度

文　　献

1) 林　康裕・川瀬　博：1995 年兵庫県南部地震における神戸市中央区の地震動評価，日本建築学会構造系論文集，No.481, pp.37–46, 1996.
2) 日本建築学会兵庫県南部地震特別研究委員会：1995 年兵庫県南部地震強震記録資料集，265pp., 1996.

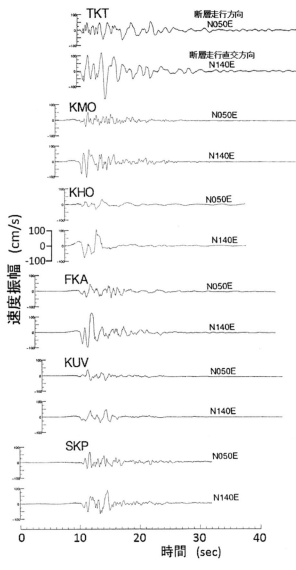

図 3.20　1995 年兵庫県南部地震の断層付近での速度波形

i) 1999 年台湾集集地震 ($M_W7.6$) の強震記録

　台湾では 1990 年代前半から強震観測の整備が行われ，約 620 地点の地盤上の観測点からなる強震観測網が完成されていた。この観測網により，この地震では地表断層付近で多数の記録が得られたが，観測点により記録の特性に大きな違いがみられた (翠川・藤本，2000)。この地震は図 3.21 の実線および点線で示す地表断層から東側に向かって約 30° の角度で傾斜した低角逆断層によるものである。

　図 3.21 には観測点の位置と EW 成分の速度波形が示されている。断層の南側から北側に向かって長周期のパルス波が成長していく様子がみられる。断層の北端部に位置する TCU068 では，最大速度は 250 cm/s を上回る。その卓越周期は 10 秒程度で，継続時間は 15 秒程度と短い。一方，TCU129 や TCU089，TCU071 など断層の南部の震央付近では短周期成分が卓越し，最大速度は 100 cm/s を下回る。継続時間は 30 秒程度と長い。

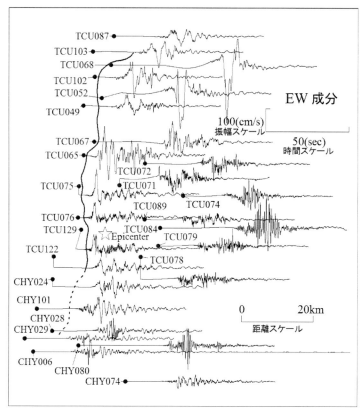

図 3.21 1999 年集集地震の震源域での速度波形

　このような特性の違いは観測点が位置する領域での断層運動の違いによるものと考えられる。すなわち，TCU068 が位置する断層の北端部では大きなアスペリティが存在し，ここでの破壊が南から北に伝播して長周期の地震動が卓越したものと考えられる。一方，TCU071 が位置する震央付近では，小さなアスペリティがいくつか存在し，比較的ランダムな破壊が生じたために，短周期成分がより卓越したものと考えられる。このように，断層運動の不均一性により，震源域内でも場所によって地震動の特性が大きく変化することが，これらの記録から読み取れる。

文　　　　献

1)　翠川三郎・藤本一雄：震源域の地震動とその応答スペクトル特性，パッシブ制振構造シンポジウム講演集，pp.25–36, 2000.

j) 2004 年パークフィールド地震 (M_W6.0) の強震記録

　この地域では，前述した 1966 年の地震では断層直近で初めて強震記録が得られたように，活動度の高い断層が存在している。そこで，高密度な強震観測網が展開され，2004 年の地震では断層から 10 km 以内での記録が約 50 地点で得られた (Shakal et al., 2005)。図 3.22 に観測点の配置を示す。黒丸は 1966 年の記録が得られた観測点で，観測点が格段に増強されたことがわかる。図には観測記録から描かれた水平動の最大加速度のコンターも示されている。水平動の最大加速度は地点ごとに 0.1g から 2g と大きく異なり，地震規模が比較的小さ

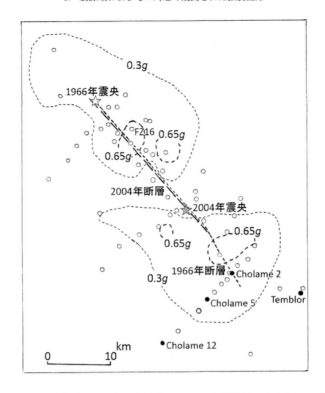

図 3.22 2004 年パークフィールド地震の震央，断層，強震観測点および最大加速度のコンター (Shakal et al., 2006)

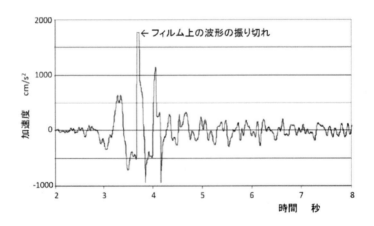

図 3.23 FZ16 観測点での加速度波形 (Shakal et al., 2006)

くても，前述の集集地震の場合と同様に，震源域での地震動の空間的な変動が大きいことを示している．

FZ16 観測点では水平動成分の波形が $1.8g$ で SMA-1 強震計の記録フィルムから振り切れていた (図 3.23 参照)．このような SMA-1 強震計の振り切れは，1994 年ノースリッジ地震のパコイマダムでの記録や 1985 年ナハンニ地震 (カナダ)，1992 年ペトローリア地震 (米国) での記録にもみられ，これらを記録した SMA-1 強震計の記録範囲 (公称 $\pm 1g$) を越えたために生じたものである．しかし，振動台テストから，この強震計の振り子自体は $2g$ 強まで測定

可能とされており，FZ6 では 2g を越える最大加速度が生じたものと推定されている (Shakal et al., 2006)。

文　献

1) Shakal, A., V. Graizer, M. Huang, R. Borcherdt, H. Haddadi, K. Lin, C. Stephens, and P.Roffers: Preliminary Analysis of Strong-motion Recordings from the 28 September 2004 Parkfield, California Earthquake, Seism. Res. Letters, Vol.76, pp.27–39, 2005.
2) Shakal, A., H. Haddadi, and M. Huang: Note on the Very-High-Acceleration Fault Zone 16 Record from the 2004 Parkfield Earthquake, Bull. Seism. Soc. Am., Vol.96, pp.S119-S128, 2006.

k) 2004 年新潟県中越地震 (M_W6.6) の強震記録

この地震では，1996 年に改訂された計測震度で初めての震度 7 が観測される等，強い揺れが各地で観測された．図 3.24 に震度分布を示す．震源域の直上に位置する川口町では，水平動の最大加速度は 1.7g，最大速度は約 150 cm/s と大きく，震度 7 を観測した．この地点の表層地盤は砂礫で，S 波速度は地表近くで 130〜210 m/s，深さ 5〜17 m で 310 m/s，それ以深で 500 m/s 程度と比較的硬質な地盤である (先名・他，2005)．この地震は西傾斜の逆断層によるもので，図の点線で示す断層上盤側に位置する山古志村や小千谷市，長岡市などで震度 6 強が観測され，断層の下盤側 (南東側) に比べ震度が大きかった．なお，K-NET 小千谷でも，計測震度 7，最大加速度 1.3g，最大速度 130 cm/s という大きな記録が得られたが，表層に S 波速度で 50〜70 m/s の軟弱な地層が存在し (時松・他，2006)，地震動が局所的に増幅されたものと考えられる．

図 3.25 に震源域周辺で観測された記録の速度波形を示す (翠川・三浦，2005)．震源域のほぼ直上に位置する川口町や山古志村では波形はパルス的である．最大速度は 100 cm/s を越えており，前述の逆断層のノースリッジ地震の場合と類似性がみられる．しかし，地震動

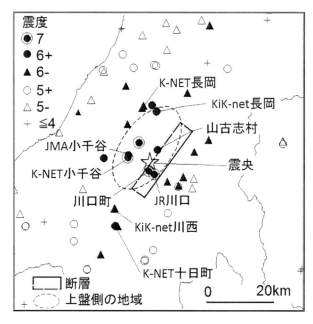

図 3.24　2004 年新潟県中越地震の震度分布

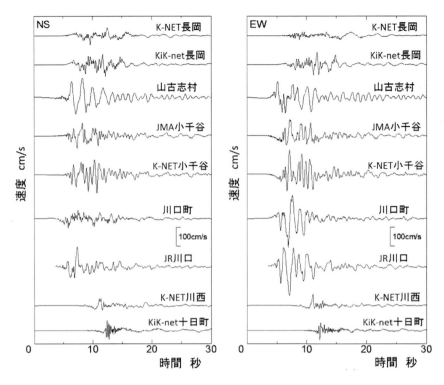

図 3.25 2004 年新潟県中越地震の際の震源域およびその周辺での速度波形

の方向性については，断層走行直交方向が必ずしも卓越しているわけではなく，川口町ではEW 成分の方が，山古志村では NS 成分の方が大きく，卓越方向は一定ではない。川口町でEW 成分が卓越した理由として，断層面上のすべりが一様でなく，断層浅部の狭い領域からの地震波の寄与によるためという解釈もなされている (石井・他，2007)。

文　　献

1) 石井やよい・後藤浩之・澤田純男：新潟県中越地震の震源インバージョンによる川口町の地震動特性の考察，土木学会地震工学論文集，Vol.29, pp.153–160, 2007.
2) 翠川三郎・三浦弘之・藤本一雄：2004 年新潟県中越地震の地震動と建物被害，第 35 回安全工学シンポジウム講演予稿集, pp.245–248, 2005.
3) 先名重樹・森川信之・大井昌弘・藤原広行：新潟県中越地震における地震被害の検討 (その 1：小千谷・川口地区の常時微動計測結果および浅部地盤構造に関する検討), 2005 年度日本建築学会大会学術講演集, pp.147–148, 2005.
4) 時松孝次・関口　徹・三浦弘之・翠川三郎：強震記録から推定した K-NET・JMA 小千谷における表層地盤の非線形性状，日本建築学会構造系論文集，No.600, pp.43–49, 2006.

l) 2008 年岩手・宮城内陸地震 ($M_W 7.0$) の強震記録

この地震は西傾斜の逆断層による地震で，図 3.26 に示すように，$1g$ を越える最大加速度が震源域付近の複数地点で観測された。特に，断層直上にある KiK-net 一関西では，水平動 $1.5g$，上下動 $3.9g$，3 成分合成で $4g$ を越える非常に大きな加速度が観測され，地震時に観測された地表最大加速度の世界記録としてギネスにも登録された (防災科学技術研究所，2011)。この記録の加速度波形を図 3.27 に示す。上下動の最大加速度は水平動に比べ 2.5 倍以上大き

く，また上向き成分の最大値は 3.9g，下向き成分の最大値は 1.7g と上下非対称な波形形状を示している。

このような上下非対称な地震動の理由として，Aoi et al. (2008) は，表層付近の地盤が大加速度の入力により粒状体的な振る舞いをしてトランポリンに乗った物体のように上向きに大きな加速度が生じたとしている。一方，大町・他 (2011) は，大加速度の入力により地震観測小屋がロッキング振動で浮き上がり，地面と再接触した際の衝撃力の影響で上向きに大きな加速度が生じ，この影響がなければ上下動の最大加速度は 1.6g 程度であったと推定している。このような上下非対称な大振幅記録は，この地震以前に発生した地震 (Yamada et al., 2009) や 2011 年ニュージーランド・クライストチャーチ地震 (Benites and Kaiser, 2011) でも観測されている。

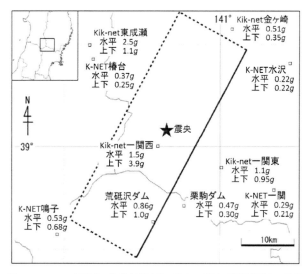

図 3.26　2008 年岩手・宮城内陸地震の震央，断層，強震観測点の位置

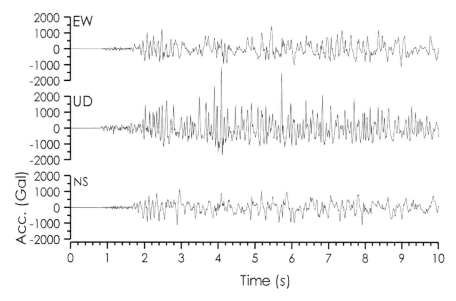

図 3.27　KiK-net 一関西で観測された加速度波形

文　　　献

1) Aoi, S., T. Kunugi, and H. Fujiwara : Trampoline Effect in Extreme Ground Motion, Science, Vol. 322, pp. 727–730, 2008.
2) Benites, F. and A. Kaiser: Character of Accelerations in the Mw6.2 Christchurch Earthquake, Seism. Research Letters, Vol.82, pp.846–852, 2011.
3) 防災科学技術研究所：地震時の観測最大加速度のギネス認定．http://www.bosai.go.jp/press/pdf/20110111.01.pdf, 2011 (2016/12/5 アクセス).
4) 大町達夫・井上修作・水野剣一・山田雅人：2008 年岩手・宮城内陸地震の KiK-net 一関西における大加速度記録の成因の推定，日本地震工学会論文集，Vol.11, No.1, pp.32–47, 2011.
5) Yamada, M., J. Mori and T. Heaton : Slapdown Phase in High-acceleration Records of Large Earthquakes, Seism. Research Letters, Vol.80, pp.559–564, 2009.

m) 2011 年東北地方太平洋沖地震 (M_W9.1) の強震記録

　2011 年東北地方太平洋沖地震は，Mw9.1 という国内史上最大規模の地震であり，ほぼ日本全国を揺らした．K-NET，KiK-net，気象庁，自治体，国土交通省等の機関で観測された地盤上の記録の数は約 3,000 にも昇り，ひとつの地震で得られた強震記録の数としては最大のものである．図 3.28 に最大加速度および最大速度について，振幅別の数を示す (渥美・他, 2013)．最大加速度については，最大が 2,700 cm/s^2 で，1,000 cm/s^2 を超える記録が 32 地点で得られている．最大速度については，最大が 113 cm/s で，70 cm/s を超える記録が 34 地点で得られている．

　1,000 cm/s^2 を超える大加速度の記録について加速度波形を確認してみると，32 記録中 18 記録で，鋭いスパイク状の波形がみられる (Midorikawa et al., 2013)．一例として，図 3.29 に宮城県川崎町での加速度波形を示す．NS 成分にスパイク状の波形により約 2,700 cm/s^2 の最大加速度が生じている．スパイク状の部分を除くと最大加速度は 1,500 cm/s^2 程度となる．これらの記録のうちボーリングデータが収集できた 9 地点の地盤柱状図をみると，全地点で砂質の地層がみられる．そこで，大加速度の記録にみられる鋭いスパイク状の波形は，砂質地盤のサイクリックモビリティによる影響で生じた可能性が考えられる．

　最も大きな加速度 2,700 cm/s^2 を記録した K-NET 築館での加速度波形を図 3.30 に示す．水平動の最大加速度と上下動の最大加速度がほぼ同時刻に発生し，水平動の卓越周期が上下動の卓越周期の倍となっている．このことは地震計基礎がロッキング振動を起こしたことを

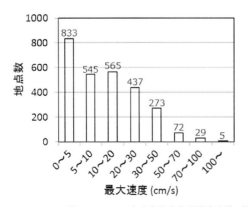
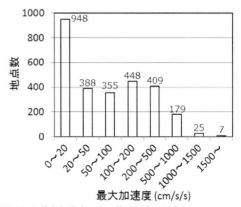

図 3.28　2011 年東北地方太平洋沖地震で観測された最大加速度および最大速度の頻度分布

3.1 震源域およびその周辺での観測事例　　51

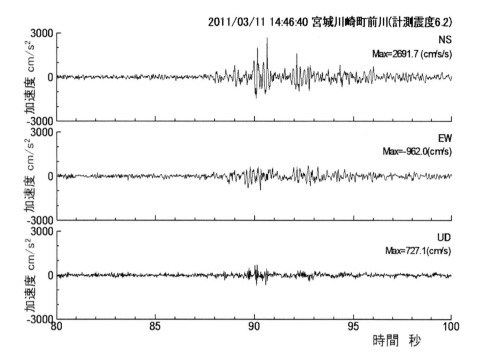

図 3.29　川崎町 (宮城県) での加速度波形

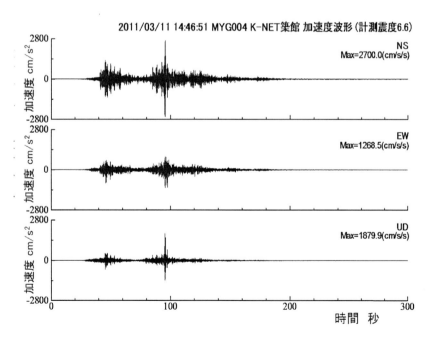

図 3.30　K-NET 築館 (宮城県) での加速度波形

示唆しており，これが大きな加速度の一因となった可能性が指摘されている (Motosaka and Tsamba, 2011)。K-NET 築館の他にも，このような特徴を持つ波形は 1,000 cm/s^2 を超える大加速度の記録のうちで 9 記録にみられた。これらやスパイク状の波形がみられた記録を除くと，最大加速度は最大で約 1,300 cm/s^2 となる。

文　　　献

1) 渥美知宏・翠川三郎・三浦弘之・先名重樹・藤原広行：2011 年東北地方太平洋沖地震で観測された強震記録とその強さについて，2013 年度日本建築学会大会学術講演梗概集，Vol.B2，pp.173–174，2013.
2) Midorikawa, S., T. Atsumi and H. Miura: High Intensty Reocrds Observed in the 2011 Tohoku Earthquake, Proceedinds of the 10th International Conference on Urban Earthquake Engineering, pp.119–124, 2013.
3) Motosaka, M. and T. Tsamba: Investigation of High Acceleration Records at K-NET Tsukidate Station during the 2011 off the Pacific Coast Tohoku Earthquake, 日本地震工学会大会 2011 梗概集，pp.24–25, 2011.

n) 2016 年熊本地震 ($M_W 7.0$) の強震記録

　この地震では，熊本県益城町および西原村で震度 7 が，熊本市を始めとする 10 地点以上で震度 6 強が観測された．この地震は，図 3.31 の矩形で示すように，東北東—西南西の走向で北傾斜の断層によるものである (引間・三宅，2016)．震央は断層のほぼ西端にあり，断層破壊は東へと伝播した．

　図 3.32 に断層付近の 4 地点で観測された速度波形を示す．断層直近の西原村役場ではわが国で初めて 200 cm/s を超える最大速度が観測された．破壊伝播側にある南阿蘇村長陽支所や西原村役場では，波形はパルス的で，継続時間は 5 秒程度と短い．一方，破壊が遠ざかる方向に位置する嘉島町役場では，他の地点に比べて，継続時間は 10～15 秒と長く，最大速度は 90 cm/s 程度とやや小さい．嘉島町役場と西原村役場の中間に位置する益城町役場では，継続時間は 10 秒弱と 2 地点での値の中間で，西原村役場と同様に断層直近にあるため，最大速度は 200 cm/s 弱と大きい．

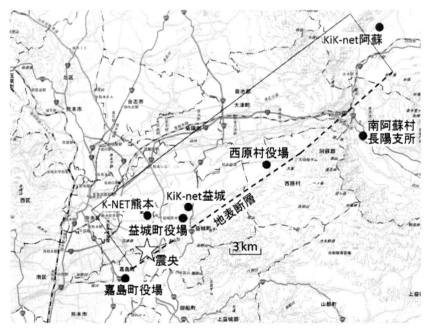

図 3.31　2016 年熊本地震の震央，断層，強震観測点の位置

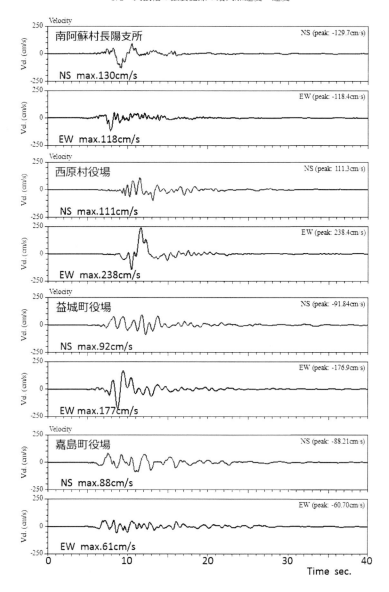

図 3.32 断層周辺での速度波形

文　　　献

1) 引間和人・三宅弘恵：観測記録により推定された震源断層モデルに見られる特徴，第 44 回地盤震動シンポジウム資料集，pp.26–33, 2016.

3.2　大振幅の強震記録の最大加速度・速度

　強震観測が充実するにつれて，大地震時に大振幅の記録が得られてくると，観測記録を整理して大地震での地震動がどの程度の強さにまで達しうるのかが検討されるようになった。その初期の研究として，Housner (1965) は 1957 年までにカリフォルニアで観測された強震記録をまとめて，地震動の最大加速度の上限値は堅固で深い地盤上では $0.5g$ と推定してい

る。しかし，この推定値は当時観測されていた最大の地震動である 1940 年のエルセントロの記録に大きく依存している。

その後，3.1 節で述べたように，多数の強震記録が震源近傍で観測されるようになり，近年の研究としては，Anderson (2010) は最大加速度で 0.5g 以上ないし最大速度で 50 cm/s 以上の強震記録が 2007 年までに世界各地で 255 記録得られていることを示している。これらの記録は 150 万地点・年の強震観測の結果と推定している。ここで，地点・年とは，100 地点で 10 年間観測が行われていれば 1 千地点・年となるというものである。この推定値から，最大加速度 0.5g 以上ないし最大速度 50 cm/s 以上の記録は 600 地点・年に 1 回，さらに，最大加速度 1g 以上ないし最大速度 100 cm/s 以上の記録は 4,300 地点・年に 1 回の頻度で観測されているとしている。強震観測は地震活動度の高い地域で行われているであろうから，このような地域では，オーダーとして，最大加速度 0.5g 以上ないし最大速度 50 cm/s 以上の揺れは 600 年に 1 回程度，最大加速度 1g 以上ないし最大速度 100 cm/s 以上の揺れは 4 千年に 1 回程度の頻度で発生しているという大まかな解釈ができるかもしれない。

Strasser and Bommer (2009) は，2008 年までに世界各地において最大加速度で 1g 以上の大加速度記録が 43 個，最大速度で 100 cm/s 以上の大速度記録が 31 個観測されていると整理している。また，それぞれの記録に対して，大振幅の原因として，震源特性，伝播特性，サイト特性などの様々な要因が指摘されているが，複数の要因が重ならないと，このような大振幅の記録は起こりにくいことを指摘している。彼らのデータに 2008 年以降に観測された大振幅の記録 (2010 年ダーフィールド地震，2011 年クライスチャーチ地震，2011 年東北地方太平洋沖地震，2016 年熊本地震，2016 年エクアドル地震) を加えると，水平動の最大加速度で 1g 以上の記録が 74 個，上下動の最大加速度で 1g 以上の記録が 23 個，水平動の最大速度で 100 cm/s 以上の記録が 44 個，上下動の最大速度で 100 cm/s 以上の記録が 2 個となる。これらのデータを表 3.1 から表 3.3 に示す。表には観測点の地盤種別 (A〜E) も示している。

水平動の最大加速度と地震規模，震源断層からの距離の関係を図 3.33 に示す。M5.2〜9.0 の地震の 74 記録で 1g 以上の水平動最大加速度が観測されており，最大加速度の地震規模依存性はほとんどみられない。そのうちの約 3 割の 23 記録で 1.5g を越えており，さらに，2g を大きく越える記録が 3 個ある。ひとつは 2008 年岩手・宮城内陸地震の KiK-net 東成瀬の記録 (2.5g) で，この記録には片側に 1 発だけ大きな加速度があり，これを除くと最大加速度は 1g 強である。他の 2 つは 3.1 節で述べた 2011 年東北地方太平洋沖地震の K-NET 築館と宮城県川崎町での記録 (それぞれ 2.8g) で，前者は地震計基礎のロッキングの影響の可能性が指摘され，後者はサイクリックモビリティによるスパイク的な波形であることが推測されている。観測点の地盤種別については NEHRP の分類で C (硬質地盤)，D (中間的地盤) が多く，岩盤に相当する A および B は 8 個，軟弱地盤に相当する E は 2 個と少ない。距離との関係については，M9 の東北地方太平洋沖地震によるもの (32 個) を除くと 20 km 以内のものが 34 個と多い。

上下動の最大加速度と地震規模，震源断層からの距離の関係を図 3.34 に示す。M6.0〜9.0 までの地震で 1g 以上の最大加速度が観測されている。水平動に比べると数は約 3 割で，1g を越える大加速度は水平動に比べて上下動の方が生じにくいことを示唆している。地震規模依存性は水平動の場合と同様ほとんどみられない。観測点の地盤種別は水平動の場合と同様に NEHRP の分類 C，D が多い。距離との関係は，M9 の東北地方太平洋沖地震によるもの

表 3.1 最大加速度が 1g を越える大加速度記録 (その 1)

地震名	日付	Mw	観測点	最大加速度(g)	成分	断層距離(km)	地盤種別
San Fernando, CA	1971/2/9	6.6	Pacoima Dam Abutment	1.25	N164E	1.8	A
Gazli, USSR	1976/5/17	6.8	Karakyr Point	1.36	UD	5.5	C
Ardal, Iran	1977/4/6	6	Naghan 1	1.03	LG	9	B
Imperial Valley, CA	1979/10/15	6.5	El Centro Array 6	1.74	UD	1.4	D
Victoria, Mexuco	1980/6/9	6.3	Victoria, Mexicali Valley	1.29	UD	7.3	D
Coalinga余震, CA	1983/7/22	5.8	Transmitter Hill	1.17	N360E	9.5	C
Morgan Hill, CA	1984/4/24	6.2	Coyote Lake Dam	1.3	N285E	0.5	C
Nahanni, Canada	1985/12/23	6.8	Inverson Station 1	1.34	N280E	9.6	C
Nahanni, Canada	1985/12/23	6.8	Inverson Station 1	2.37	UD	9.6	C
Cerro Prieto, Mexico	1987/2/7	5.5	Cerro Prieto	1.45	N161E	2	C
Cape Mendocino, CA	1992/4/25	7	CapeMendocino	1.88	NS	7	C
CapeMendocino, CA	1992/4/25	7	CapeMendocino	1.82	UD	7	C
Northridge, CA	1994/1/17	6.7	Pacoima Dam Abutment	1.58	N104E	7	A
Northridge, CA	1994/1/17	6.7	Pacoima Dam Abutment	1.23	UD	7	A
Northridge, CA	1994/1/17	6.7	Tarzana Cedar Hill Nursery	1.78	EW	15.6	D
Northridge, CA	1994/1/17	6.7	Tarzana Cedar Hill Nursery	1.05	UD	15.6	D
Chi-Chi, Taiwan	1999/9/20	7.6	TCU084	1.01	EW	11.2	C
Chi-Chi, Taiwan	1999/9/20	7.6	TCU129	1	EW	1.8	C
Duzce, Turkey	1999/11/12	7.1	IRIGM496	1.03	NS	9	U
Duzce余震, Turkey	1999/11/12	5.2	IRIGM496	1.04	NS	17	U
El Salvador	2001/1/13	7.7	La Libertad	1.18	NS	60	C
宮城県沖	2003/5/26	7	MYG011	1.13	EW	80	B
宮城県沖	2003/5/26	7	IWT007	1.06	EW	70.9	D
宮城県沖	2003/5/26	7	IWTH04	1.3	UD	71	C
宮城県北部前震	2003/7/26	5.5	鳴瀬町	2.04	EW	3.3	D
宮城県北部	2003/7/26	6.1	鹿島台町	1.64	NS	10.2	E
宮城県北部	2003/7/26	6.1	矢本町	1.3	UD	5.2	D
Bam, Iran	2003/12/26	6.6	Bam	1.01	UD	1.5	C
Parkfield, CA	2004/9/28	6	Fault Zone 11	1.14	EW	3.5	C
Parkfield, CA	2004/9/28	6	Fault Zone 14	1.31	EW	0.3	D
Parkfield, CA	2004/9/28	6	Fault Zone 16	1.8	NS	1.8	D
新潟県中越	2004/10/23	6.6	入広瀬	1.01	NS	0.8	U
新潟県中越	2004/10/23	6.6	川口町	1.71	EW	0.5	D
新潟県中越	2004/10/23	6.6	十日町	1.18	NS	4.8	D
新潟県中越	2004/10/23	6.6	山古志村	1.08	UD	0.5	D
新潟県中越	2004/10/23	6.6	NIG019	1.33	EW	4.3	D
新潟県中越	2004/10/23	6.6	NIG021	1.75	NS	5.2	C
新潟県中越余震	2004/10/23	6.3	川口町	2.08	EW	0.5	D
釧路沖	2004/12/14	5.7	HKD020	1.15	EW	12.8	C
宮城県沖	2005/8/16	7.2	牡鹿アレイ2	1.78	NS	49.8	B
宮城県沖	2005/8/16	7.2	牡鹿アレイ4	1.03	NS	49.7	B
宮城県沖	2005/8/16	7.2	牡鹿アレイ5	1.55	NS	49.7	B
宮城県沖	2005/8/16	7.2	牡鹿アレイ6	1.12	NS	49.7	B
Kiholo Bay, HI	2006/10/15	6.7	Waimea Fire Station	1.05	EW	51.7	D
岩手・宮城内陸	2008/6/13	6.8	AKTH04	2.5	EW	18.2	C
岩手・宮城内陸	2008/6/13	6.8	AKTH04	1.12	UD	18.2	C
岩手・宮城内陸	2008/6/13	6.8	IWTH25	1.46	EW	5.81	C
岩手・宮城内陸	2008/6/13	6.8	IWTH25	3.94	UD	5.81	C
岩手・宮城内陸	2008/6/13	6.8	IWTH26	1.08	EW	1.48	C

(5 個) を除くと 10 km 以内のものが 15 個と多い.

　上下動最大加速度が 2g を越えるものが 3 つある. そのうち, 3.9g を示した 2008 年岩手・宮城内陸地震の KiK-net 一関西の記録については, 3.1 節で述べたように, 上向きの最大加速度は 3.9g で下向きのものは 1.8g と非対称であることから, 大加速度の入力により表層地盤が引っ張られて部分的に粒状体的な性質を持ったためという解釈と地震計の観測小屋の基礎がロッキング振動を起こして浮き上がった後に地面と衝突したためという解釈がなされてい

表 **3.2** 最大加速度が $1g$ を越える大加速度記録 (その 2)

地震名	日付	Mw	観測点	最大加速度(g)	成分	断層距離(km)	地盤種別
Darfield., NZ	2010/9/4	7.1	Greendale	1.3	UD	0.8	D
Christchurch, NZ	2011/2/22	6.3	Pages Road Pumping Station	1.88	UD	2.5	E
Christchurch, NZ	2011/2/22	6.3	Heathcote Valley Primary School	2.21	UD	4	C
Christchurch, NZ	2011/2/22	6.3	Heathcote Valley Primary School	1.7	N116E	4	C
Christchurch, NZ	2011/2/22	6.3	Hulverstone Dr Pumping Station	1.03	UD	3.9	E
東北地方太平洋沖	2011/3/11	9	K-NET築館	2.76	NS	87.1	C
東北地方太平洋沖	2011/3/11	9	K-NET築館	1.92	UD	87.1	C
東北地方太平洋沖	2011/3/11	9	川崎町	2.75	EW	96.2	C
東北地方太平洋沖	2011/3/11	9	K-NET塩釜	2.01	EW	74.5	C
東北地方太平洋沖	2011/3/11	9	七北田中学校	1.89	EW	83.2	D
東北地方太平洋沖	2011/3/11	9	七北田中学校	1.31	UD	83.2	D
東北地方太平洋沖	2011/3/11	9	高萩市	1.68	NS	51.4	D
東北地方太平洋沖	2011/3/11	9	K-NET日立	1.63	NS	51.6	D
東北地方太平洋沖	2011/3/11	9	K-NET日立	1.19	UD	51.6	D
東北地方太平洋沖	2011/3/11	9	K-NET日立	1.55	NS	78.9	E
東北地方太平洋沖	2011/3/11	9	常陸大宮市山方支所	1.52	NS	65.2	C
東北地方太平洋沖	2011/3/11	9	城里町	1.51	EW	64.6	D
東北地方太平洋沖	2011/3/11	9	小名浜港事務所	1.46	EW	48.3	D
東北地方太平洋沖	2011/3/11	9	K-NET鉾田	1.38	NS	71	D
東北地方太平洋沖	2011/3/11	9	鏡石町	1.33	EW	87.6	D
東北地方太平洋沖	2011/3/11	9	K-NET白河	1.32	NS	94.3	D
東北地方太平洋沖	2011/3/11	9	美浦村	1.32	EW	56.1	D
東北地方太平洋沖	2011/3/11	9	K-NET大宮	1.31	EW	62.2	D
東北地方太平洋沖	2011/3/11	9	二本松市東和支所	1.26	NS	82	C
東北地方太平洋沖	2011/3/11	9	つくば市苅間	1.24	EW	70.3	D
東北地方太平洋沖	2011/3/11	9	K-NET茂木	1.23	EW	76.9	C
東北地方太平洋沖	2011/3/11	9	KiK-net芳賀	1.22	EW	83.9	D
東北地方太平洋沖	2011/3/11	9	鉾田市	1.22	NS	47.1	D
東北地方太平洋沖	2011/3/11	9	K-NET今市	1.21	EW	117	D
東北地方太平洋沖	2011/3/11	9	二本松市	1.21	EW	92.2	C
東北地方太平洋沖	2011/3/11	9	K-NET広野	1.14	NS	49.7	D
東北地方太平洋沖	2011/3/11	9	富岡町	1.12	EW	51.1	U
東北地方太平洋沖	2011/3/11	9	七郷中学校	1.1	NS	77	E
東北地方太平洋沖	2011/3/11	9	K-NET郡山	1.09	EW	90.9	C
東北地方太平洋沖	2011/3/11	9	KiK-net西郷	1.08	NS	103	C
東北地方太平洋沖	2011/3/11	9	KiK-net西郷	1.04	UD	103	C
東北地方太平洋沖	2011/3/11	9	須賀川市岩瀬支所	1.08	NS	94.5	C
東北地方太平洋沖	2011/3/11	9	須賀川市岩瀬支所	1.07	UD	94.5	C
東北地方太平洋沖	2011/3/11	9	土浦市下高津	1.07	NS	62.4	D
東北地方太平洋沖	2011/3/11	9	K-NET佐倉	1.06	NS	68.2	D
東北地方太平洋沖	2011/3/11	9	K-NET船引	1.03	NS	77.9	C
東北地方太平洋沖	2011/3/11	9	笠間市	1.02	NS	68	D
熊本前震	2016/4/14	6.2	KiK-net益城	1.43	UD	2.3	D
熊本	2016/4/16	7	KiK-net益城	1.18	EW	2.3	D
熊本	2016/4/16	7	南阿蘇村長陽庁舎	1.13	NS	2.5	D
熊本	2016/4/16	7	大津町役場	1.78	EW	6	D
Muisne, Ecuador	2016/4/16	7.8	PDNS, Pedemales	1.03	EW	21	U
Muisne, Ecuador	2016/4/16	7.8	APED, Pedenales	1.41	EW	20	D

る。$2.2g$ を示した 2011 年クライスチャーチ地震での Heathcote 小学校での記録も KiK-net 一関西の記録と類似の非対称な波形を示しており，いずれにせよ同様の原因で生じたものと推察される。$2.4g$ を示した 1985 年ナハンニ地震での上下動記録は片側に 1 発だけ大きな加速度があり (Heidebrecht et al., 1988)，これを除くと最大加速度は $1g$ 程度である。なお，$1.5 \sim 2g$ の上下動最大加速度を記録した 4 記録のうちの 2 つ (1992 年メンドシーナ岬地震の Cape Mendocino，2011 年クライスチャーチ地震の Pages Road Pumping Station) も片側に 1 発だけ大きな加速度を示すものである。

3.2 大振幅の強震記録の最大加速度・速度

表 3.3 最大速度が 100 cm/s を越える大速度記録

地震名	日付	Mw	観測点	最大速度 (cm/s)	成分	断層距離 (km)	地盤種別
San Fernando, CA	1971/2/9	6.6	Pacoima Dam Abutment	114	N164E	1.8	A
Tabas, Iran	1978/9/16	7.4	Tabas	111	N344E	2.1	B
Imperial Valley, CA	1979/10/15	6.5	El Centro Array 6	113	N230E	1.4	D
Imperial Valley, CA	1979/10/15	6.5	El Centro Array 7	113	N230E	0.1	D
Imperial Valley, CA	1979/10/15	6.5	Meloland Overpass	115	FN	0.6	D
Superstition Hills, CA	1987/11/24	6.5	Parachute Test Site	126	FP	1	D
Erzincan, Turkey	1992/3/13	6.7	Erzincan	102	N189E	4.4	D
Cape Mendocino, CA	1992/4/25	7	Cape Mendocino	126	NS	7	C
Landers, CA	1992/6/28	7.3	Lucerne	146	N260E	2.2	C
Northridge, CA	1994/1/17	6.7	Rinaldi	183	MAX	6.5	D
Northridge, CA	1994/1/17	6.7	Sylmar Converter Station	134	FN	5.4	D
Northridge, CA	1994/1/17	6.7	Sylmar Converter Station East	122	FN	5.2	C
Northridge, CA	1994/1/17	6.7	Sylmar County Hospital	122	FN	5.3	C
Northridge, CA	1994/1/17	6.7	Newhal IFire Station	118	FN	5.9	D
Northridge, CA	1994/1/17	6.7	Newhall Pico Canyon	117	FN	5.5	D
兵庫県南部	1995/1/17	6.9	JR鷹取	176	FN	1.5	D
兵庫県南部	1995/1/17	6.9	神戸JMA	105	NS	1	D
Chi-Chi, Taiwan	1999/9/20	7.6	CHY080	109	EW	2.7	C
Chi-Chi, Taiwan	1999/9/20	7.6	CHY101	109	NS	10	C
Chi-Chi, Taiwan	1999/9/20	7.6	TCU052	221	NS	0.7	C
Chi-Chi, Taiwan	1999/9/20	7.6	TCU052	169	UD	0.7	C
Chi-Chi, Taiwan	1999/9/20	7.6	TCU065	132	EW	0.6	D
Chi-Chi, Taiwan	1999/9/20	7.6	TCU068	292	NS	0.3	C
Chi-Chi, Taiwan	1999/9/20	7.6	TCU068	229	UD	0.3	C
Chi-Chi, Taiwan	1999/9/20	7.6	TCU075	116	EW	0.9	C
Chi-Chi, Taiwan	1999/9/20	7.6	TCU084	116	EW	11.2	C
鳥取県西部	2000/10/6	6.7	TTRH02	194	NS	1	D
Denali, AK	2002/11/3	7.9	Pump Station 10	157	FP	2.7	D
Bam, Iran	2003/12/26	6.6	Bam	121	N082E	1.5	C
新潟県中越	2004/10/23	6.6	NIG019	129	EW	4.32	D
新潟県中越	2004/10/23	6.6	川口町	154	EW	0.5	D
新潟県中越	2004/10/23	6.6	山古志村	116	EW	2	D
新潟県中越	2004/10/23	6.6	新川口	152	EW	0.1	D
Darfield, NZ	2010/9/4	7.1	Greendale	115	FN	0.8	D
東北地方太平洋沖	2011/3/11	9	KiK-net浪江	110	EW	54.7	D
東北地方太平洋沖	2011/3/11	9	七郷中学校	113	NS	77	E
東北地方太平洋沖	2011/3/11	9	名取市	107	NS	78.8	E
東北地方太平洋沖	2011/3/11	9	K-NET築館	102	NS	87.1	C
東北地方太平洋沖	2011/3/11	9	栗原市若柳支所	100	NS	81.3	D
熊本前震	2016/4/14	6.2	益城町役場	136	EW	2	D
熊本	2016/4/16	7	益城町役場	177	EW	2	D
熊本	2016/4/16	7	KiK-net益城	127	EW	2.3	D
熊本	2016/4/16	7	西原村	239	EW	0.4	D
熊本	2016/4/16	7	KiK-net阿蘇	127	NS	4	E
熊本	2016/4/16	7	南阿蘇村長陽庁舎	130	NS	2.5	D
熊本	2016/4/16	7	菊池市旭志支所	127	NS	11.5	D

以上より，$1g$ を越える最大加速度は，1) 水平動に比べて上下動の方が観測事例が少ないこと，2) 水平動では M5 程度以上の地震で震源断層から 20 km 程度以内の硬質ないし中間的な地盤の場合が多いこと，3) 上下動では M6 以上の地震で震源断層から 10 km 程度以内の硬質ないし中間的な地盤の場合が多いこと，4) 巨大地震の場合にはより遠くでも発生する場合があること，5) $2g$ を越える記録には特別の要因がありそうなこと，が指摘できる。

水平動の最大速度と地震規模，震源断層からの距離の関係を 図 3.35 に示す。M6.5〜9.0 の

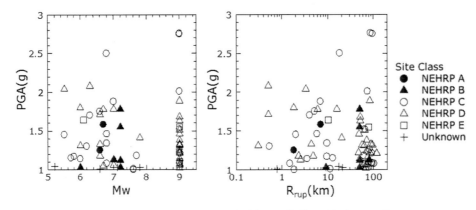

図 3.33 大加速度記録の水平最大加速度と地震規模，断層距離との関係

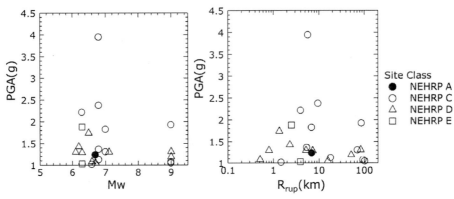

図 3.34 大加速度記録の上下最大加速度と地震規模，断層距離との関係

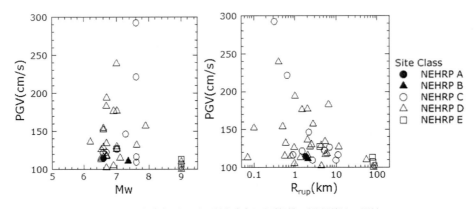

図 3.35 大速度記録の水平最大速度と地震規模，断層距離との関係

地震の44記録で 100 cm/s 以上の最大速度が観測されている．地盤種別 A や B の岩盤の場合は2個で大加速度の記録に比べてさらに割合が少なくなっている．最大速度振幅に地震規模依存性はみられないが，距離依存性がみられる．200 cm/s を越えるものは 1999 年台湾・集集地震の記録 (TCU052, TCU068) および 2016 年熊本地震の西原村の記録で，断層から 1 km 以内の距離にある．150 cm/s を越えるものは断層から 5 km 程度以内，100 cm/s を越えるものは M9 の東北地方太平洋沖地震でのものを除けば 10 km 程度以内の距離にある．

以上より，100 cm/s を越える水平動最大加速度は，1) M6.5 程度以上の地震で震源断層か

ら 10 km 程度以内の地盤上の観測点で発生している場合が多いこと，2) 巨大地震の場合にはより遠くでも発生していること，3) 断層のごく近傍では 200 cm/s を越える場合もあること，が指摘できる。

　大加速度記録と大速度記録を比べると，大加速度記録が M5 程度以上の地震でみられるのに対して大速度記録は M6.5 以上でないとみられず，このことは最大速度を決定づける比較的長い周期成分は地震規模がある程度大きくないと卓越しないことと対応しているものと考えられる。また，大速度記録にはみられる距離依存性が大加速度の記録にはみられない。この理由のひとつとして，大速度の振幅は震源からの直達波で決まるのに対して，大加速度の振幅は震源から観測点までに様々な経路で到達する地震波が重ね合わさることで距離がやや離れたところでも生ずる場合があることが可能性として考えられる。

文　　　献

1) Anderson, J.: Source and Site Characteristics of Earthquakes That Have Caused Exceptional Ground Accelerations and Velocities, Bull. Seism. Soc. Am., Vol.100, pp.1–36, 2010.
2) Heidebrecht, A. and N. Naumoski: Engineering Implications of the 1985 Nahanni Earthquakes, Earthquake Engineering and Structural Dynamics, Vol.16, pp.675–690, 1988.
3) Housner, G.: Intensity of Earthquake Ground Shaking near the Causative Fault, Proc. of the Third World Conference on Earthquake Engineering, Vol.1, pp.III94-III109, 1965.
4) Strasser, F. and J. Bommer: Large-amplitude Ground-motion Recordings and Their Interpretations, Soil Dynamics and Earthquake Engineering, Vol.29, pp.1305–1329, 2009.

4

強震記録にみられる地震動の特性

4.1 地震動特性の支配要因

　地震の発生とともに地下深くの震源から地震波が生ずる。この地震波は地殻やマントルを伝播して観測点直下の深部にある岩盤 (地震基盤) に到達する。ここで，地震基盤とは，それより深い部分では構造の変化が小さい位置に，逆に言えば，それより浅いところにある地盤の構造が大きく変化する位置に，設定されるものである。したがって，震源から地震基盤まで伝播する間で地震波に大きな変化が現れにくいのに対して，地震基盤から地表まで伝播する間では，地震波は，地盤内で構造の変化により生ずる反射屈折を繰り返して，その特性は大きく変化する。地震基盤は，理想的にはS波速度で3 km/s程度の地殻の最上層が考えられ，その深さは関東平野などの大規模平野では数kmとなる。このような深い地層までの地盤の構造を詳細に調査することは簡単ではないので，便宜的に地震基盤の代用として，N値50以上の地層 (S波速度で400 m/s程度) や第三紀の軟岩 (S波速度で700 m/s程度) を工学的基盤と呼んで用いられる場合もある。

　図4.1に地震波が震源から観測点に至る過程を模式的に示す。そこで，地震動の特性は，震源から発生する地震波の特性 (震源特性)，震源から地震基盤までに地震波が伝播する間に生ずる特性 (伝播特性)，地盤の震動特性 (地盤特性)，の3つに分離して考えることができる。以下に，これら3つの特性について説明する。

4.2　震　源　特　性

　地下深部の岩盤のひずみが限界を越え，断層面を境に岩盤が破壊して，すべりを生ずることにより，地震が発生する。この破壊現象は断層運動と呼ばれ，それを説明するために図4.2

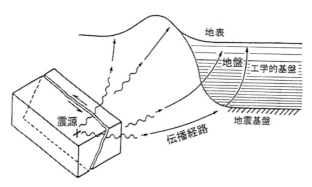

図4.1　地震波が震源から観測点に至る過程

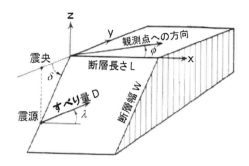

図 4.2 断層モデルの模式図

に示すような断層モデルが提案されている。図の x 軸方向および y 軸方向をそれぞれ断層面の走向方向および傾斜方向と呼ぶ。図の L は断層面の長さ，W は幅，δ は傾斜角で，これらにより断層面の幾何学的形状が規定される。また，D は断層運動によるすべり量，λ はすべりの方向で，断層面のすべりを規定するものである。以上のパラメータは静的パラメータと呼ばれる。

断層面上でのすべりは，断層面全体で同時に発生するわけではなく，ある点 (震源) からすべり始めて，すなわち破壊が始まって，破壊が断層面全体にある速度で伝わっていく。この速度を破壊伝播速度 V_r と呼ぶ。また，断層面状のある点でのすべりはすべり始めてからある時間をかけてすべり量 D に達する。これをすべりの立ち上がり時間 τ_r と呼ぶ。これらは動的パラメータと呼ばれ，前述の静的パラメータとあわせて，これらのパラメータにより断層モデルが規定できる。

これらの断層パラメータには，おおまかに以下の関係がみられる。

$$\log L = 0.5 \mathrm{M} - 1.9 \tag{4.1}$$

$$L \fallingdotseq 2W \tag{4.2}$$

$$D/L \fallingdotseq 一定 (5 \times 10^{-5} 程度) \tag{4.3}$$

$$D/\tau_r (平均すべり速度) \fallingdotseq 一定 (1\mathrm{m/s} 程度) \tag{4.4}$$

$$V_r \fallingdotseq 一定 (0.7 \sim 0.8 V_s 程度) \tag{4.5}$$

ここで V_s は断層面のせん断波速度である。したがって，おおよその目安として，M (地震規模) が 6, 7, 8 の地震に対して，断層長さはそれぞれ 12 km，40 km，120 km 程度，断層幅はそれぞれ 6 km，20 km，60 km 程度，すべり量はそれぞれ 0.6 m，2 m，6 m 程度，すべりの立ち上がり時間はそれぞれ 0.6 秒，2 秒，6 秒程度となる。

このように，1) 震源は点ではなく断層面という大きさを持ったものであり，大きな地震とは，断層面の長さや幅が大きく，大きなすべりを生ずるものであること，2) 断層面での破壊は同時に発生するのではなく震源からの破壊が断層面の各所に伝播し，地震波は断層面の各所から時間差を持って射出されること，がわかる。これらの性質は震源近傍での強震記録に大きな影響を与える。

1) から，大地震では，長い波長すなわち長い周期の地震波が発生しやすくなり，継続時間も長くなることが予想され，観測された強震記録にもこのような性質が表れている。図 4.3 は，岩盤の観測点で得られた M3.1 から 8.1 までの地震の記録の速度応答スペクトルである

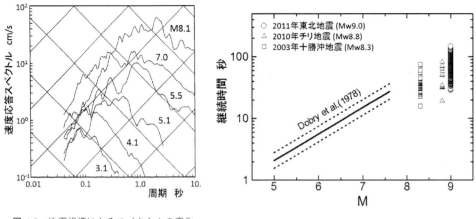

図 4.3 地震規模によるスペクトルの変化
(Anderson and Quaas, 1988)

図 4.4 継続時間と M の関係

(Anderson and Quaas, 1988)。M3.1 の記録では，速度応答スペクトルは周期 0.1 秒程度以上から低下するが，M5.5 の記録では周期 1 秒程度まで一定となる。さらに，M8.1 の記録では，速度応答スペクトルは周期 5 秒程度まで一定となる。このように地震規模 M の増大とともにスペクトルが長周期化する。

継続時間については，例えば，図 4.4 に示すように，M8.3 の地震で 40 秒前後であるのに対して，M9 の地震では 100 秒弱前後とさらに長くなる。図にはM7.6 までのカリフォルニアの地震の記録から得られた継続時間と M の関係 (Dobry et al., 1978) を実線で，標準偏差を点線で示す。この関係では，継続時間は M5 で 2 秒，M7.5 で 25 秒程度である。M8.3~9.0 の地震の記録はこの関係の延長線上にあり，継続時間の対数と M は広い M の範囲でおおむね線形関係にある。なお，ここでの継続時間の定義は，加速度の全エネルギーの 5% から 95% までの (エネルギーの 90% が集中する) 区間である。

2) の破壊伝播によって地震波は断層面の各所から時間差を持って射出され，破壊が近づく方向に位置する観測点と遠ざかる方向に位置する観測点では地震動の特性が異なる。図 4.5 に示すように，鉛直な断層面上で破壊が図の左から右の方向に伝播する場合を考える。断層面の各要素から射出される地震波が等方的に射出されると仮定して，これらを重ね合わせて

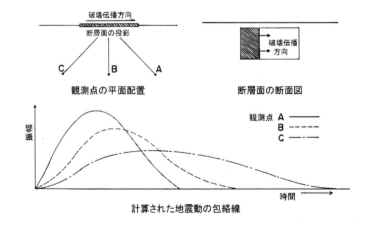

図 4.5 断層面での破壊伝播を考慮して計算された地震動の包絡線

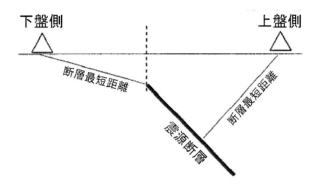

図 4.6 断層の上盤側および下盤側の模式図

地震動の包絡線を計算すると，破壊が近づく方向にある観測点 A では，断層面の各要素からの地震波が短い時間差で到達するために重なり合い，振幅は大きく，継続時間は短くなり，波形はパルス的になる。一方，破壊が遠ざかる方向にある観測点 C では，断層面の各要素からの地震波がより大きな時間差で到達するために重なり合いが弱まり，振幅は小さく，継続時間は長くなり，波形はパルス的でなく，だらだらと続くものとなる。

このように断層破壊伝播効果により大振幅の地震動が生ずることをディレクティビティ効果と呼ぶ (Sommerville et al., 1997)。この効果は，3.1 節で述べたように，1979 年インペリアルバレー地震や 1995 年兵庫県南部地震などの地震の際に震源近傍で観測された強震記録にみられ，破壊的な地震動が生ずる大きな要因のひとつとして認識されている。

また，低角断層の場合には地震動に及ぼす上盤効果も指摘されている。図 4.6 に示すように，断層面が傾斜している側にある地盤を上盤，逆側の地盤を下盤という。上盤側では直下に断層面が位置するために，各要素からの距離がほぼ等距離で，各要素から到達する地震波が重なりやすくなり，地震動が大きくなりやすい。この効果は 1994 年ノースリッジ地震での観測記録で注目されはじめた (Abrahamson and Somerville, 1996)。

文　　献

1) Abrahamson, N. and P. Sommerville: Effects of the hanging wall and footwall on ground motion recorded during the Northridge earthquake, Bull. Seism. Soc. Am., Vol.86, pp.S93-S99, 1996.
2) Anderson, J. and R. Quaas: The Mexico Earthquake of September 19, 1985 - Effect of Magnitude on the Character of Strong Ground Motion: An Example from the Guerrero, Mexico Strong Motion Network, Earthquake Spectra, Vol.4, pp.635–646, 1988.
3) Dobry, R. et al.: Duration characteristics of horizontal components of strong motion earthquake records, Bull. Seism. Soc. Am., Vol.68, pp.1487–1520, 1978.
4) Somerville, P., N. Smith, R. Graves and N. Abrahamson: Modification of empirical strong ground motion attenuation relations to include the amplitude and duration effects of rupture directivity, Seismol Res Lett., Vol.68, pp.199–222, 1997.

4.3 伝播特性

震源から射出された地震波は地殻などで四方に広がりながら伝播し，距離とともに振幅は減衰していく。地震波の減衰は，要因によって幾何減衰，粘性減衰，散乱減衰の 3 種類に分

けられる．幾何減衰は，地震波が伝播するのにともなって波面が広がり，面積当たりの地震波のエネルギーが薄まることによる減衰である．粘性減衰は，地震波が伝播する媒質の粘弾性的性質によって地震波のエネルギーが吸収されるために生じ，散乱減衰は媒質の不均質な構造により地震波が散乱するために起こる．媒体の粘性減衰と散乱減衰を観測結果から分離して評価することが困難なことから，両者を合わせたものを広義の粘性減衰と呼ぶことが多い．点震源から射出された波動の伝播を考えると，地震波の振幅 (Y) の距離 (X) による減衰は次式のように表現できる．

$$Y = Y_0 X^{-n} 10^{-kx} \tag{4.6}$$

上式右辺の第2項が幾何減衰を，第3項が媒体の粘性および散乱による減衰を表す．幾何減衰の係数 n は半無限媒体では実体波に対して1をとるので，この値がよく用いられる．粘性や散乱による減衰係数 k は地域特性や周期特性があるものの，0.003 (km^{-1}) 前後の値をとる場合が多い．したがって，k の影響は距離が 100 km 程度を上回らないと顕著には現れない．

(4.6) 式は点震源の場合のものであるが，震源までの距離が近づくと震源を点とみなせなくなり，距離の定義が問題となる．前述のように，地震の際にはある大きさを持った断層面から地震波が発生する．震源は断層面上の破壊が開始した点に過ぎず，震源距離が震源全体である断層面からの距離を代表するものとは限らない．そこで，距離の定義として，図 4.7 に示すように，震源距離や震央距離以外に，主破壊域からの距離，断層面からの最短距離，断層面の地表投影線からの最短距離などがある．定義の違いによって距離の値に大きな違いが生ずることがわかる．これらのうちで，断層面からの最短距離 (断層面最短距離) が簡潔なことからよく用いられるが，より合理的な距離の定義については議論の余地がある．

浅い地震で距離が比較的近い場合には伝播経路を半無限媒体と仮定できるため，上述のように，点震源に対する伝播経路での地震波の減衰は単純な形で表現できるが，深い地震や遠い地震の場合には伝播経路が均一な媒体とはみなせず複雑な減衰特性を示す場合がある．例

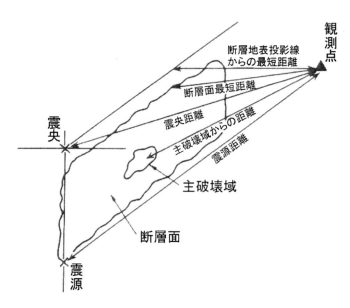

図 4.7 震源からの距離の定義

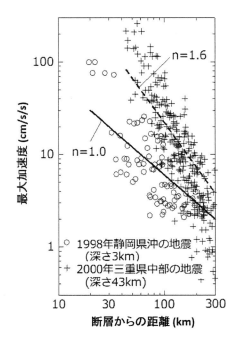
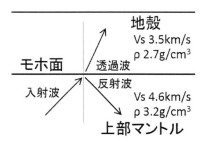

図 4.8 浅い地震とやや深い地震の距離減衰

図 4.9 モホ面での地震波の透過・反射

えば，わが国で発生する深い地震においては，必ずしも震源の直上で震度が最大とならず，太平洋沿岸に沿って震度分布が南北に伸びて，大きな震度を示す場合がみられる．この原因として，強震記録の解析から，深い地震の震源から射出された地震波が伝播する上部マントルでの地震波の減衰度合いが場所によって異なることが指摘されている (中村・植竹, 2002)．

また，深い地震では地震動の距離による減衰が浅い地震に比べて強くなることも強震記録から指摘されている．図 4.8 は浅い地震である 1998 年静岡県沖の地震 (Mw5.5, 震源深さ 3 km) とやや深い地震である 2000 年三重県中部の地震 (Mw5.5, 震源深さ 43 km) での最大加速度の距離減衰を比較したものである．浅い地震では最大加速度は距離と反比例して減衰しているのに対して，やや深い地震では減衰の度合いが大きい．

様々な深さを持つ日本の地震で同様の検討を行ったところ，幾何減衰を表す係数 n は深さ 30 km 以浅の地震では平均的に 1.0 の値を，それより深い地震では平均的に 1.6 の値を示す．これは，深さ 30 km 程度にあるモホ面 (地殻と上部マントルの境界) より深い地震では，図 4.9 に示すように，地震波がモホ面で反射し，モホ面を透過して地表に到達する波の振幅が小さくなるため，距離減衰の傾きが見かけ上大きくなることで説明されている (翠川・大竹, 2002)．

一方，距離が大きくなっても地震動があまり減衰しない場合も西日本で報告されている．これは，距離が大きくなると，地表とモホ面の間を多重反射しながら一種の表面波 (Lg 波) が発生し，これにより振幅が小さくなりにくいためと説明されている (Furumura and Kennett, 2001)．

文　　献

1) Furumura, T. and B. L. N. Kennett: Variations in Regional Phase Propagation in the Area

around Japan, Bull. Seism. Soc. Am., Vol.91, pp. 667–682, 2001.
2) 翠川三郎・大竹　雄：震源深さによる距離減衰特性の違いを考慮した地震動最大加速度・最大速度の距離減衰式, 第 11 回日本地震工学シンポジウム論文集, pp.117.1–117.6, 2002.
3) 中村亮一・植竹富一：加速度強震計記録を用いた日本列島下の三次元減衰構造トモグラフィー, 地震, Vol.54, pp.475–488, 2002.

4.4 地 盤 特 性

　震源から伝播してきた地震波は，観測点付近の深部にある岩盤に到達し，岩盤と地表の間の地盤内で反射屈折を繰り返しながら増幅して地表面に達する。その結果，地表で観測される地震動に地盤特性が生ずる。図 4.10 のように，密度 ρ_1，波動伝播速度 ν_1 の岩盤の上に，密度 ρ_2，波動伝播速度 ν_2，層厚 H の表層地盤が覆っている 2 層地盤を考える。岩盤から表層地盤にせん断波が垂直に入射するとき，表層地盤に透過する透過波と境界面で反射する反射波が生ずる。入射波，反射波および透過波の振幅をそれぞれ A_0，A' および A_1 とすると，境界面での変位と応力の連続条件から，以下の関係が得られる。

$$A' = (1-\alpha)/(1+\alpha)A_0 \tag{4.7}$$

$$A_1 = 2/(1+\alpha)A_0 \tag{4.8}$$

ここで，$\alpha = \rho_2\nu_2/\rho_1\nu_1$ で，$\rho\nu$ を波動インピーダンス，α を波動インピーダンス比と呼び，$(1-\alpha)/(1+\alpha)$ を反射係数 R，$2/(1+\alpha)$ を透過係数 S と呼ぶ。なお，地盤のせん断剛性 G は $\rho\nu^2$ で表現できる。

　一般に，岩盤の速度 ν_1 は表層地盤の速度 ν_2 よりも大きく，岩盤の密度 ρ_1 も表層地盤の密度 ρ_2 より大きいので，$\alpha < 1$ となり，境界面から表層地盤に透過する地震波の振幅 A_1 は入射した波の振幅 A_0 よりも大きくなり，増幅する。このように伝播速度が速い層から遅い層に地震波が伝播すると振幅が増幅する。境界面を透過した地震波は表層地盤を上昇し地表面に入射する。このとき，地表面では全反射が起こり，地表面での振幅は入射波の 2 倍の $2A_1$

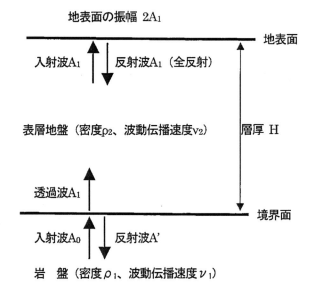

図 4.10　2 層地盤での地震波の反射・透過

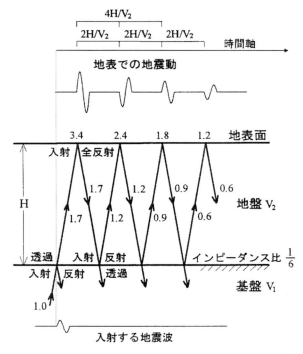

図 4.11 表層地盤での反射・屈折による地震波の変化

となり，地表面からの反射波の振幅は入射波と同じ A_1 となる．さらに，この反射波は表層地盤を下降し，境界面で反射・屈折を繰り返す．

図 4.11 は，基盤の上に表層地盤が 1 層存在する 2 層地盤を仮定して，$\alpha = 1/6$ の場合に基盤から単位振幅の正弦 1 波が地盤に入射したときの地震波の反射・屈折の状況を示したものである．地震波は鉛直下方から地盤に入射し，地盤内を鉛直に上昇し，地表面で全反射して鉛直に下降するが，この図では説明のために，横軸に時間をとり，波線 (地震波が伝わる経路) を斜めに傾けて示している．インピーダンス比 α が 1/6 のとき，透過係数 S は 1.7 となるから，表層地盤への透過波の振幅は 1.7 で，これが地表に到達し全反射して地表での振幅は 3.4 となる．地表面で全反射した波は 1.7 の振幅を持ち下降し，基盤との境界面で反射する．このとき，表層地盤から岩盤に向かって地震波が伝播するので，α は 6 となり，反射係数 R は $-5/7$ となり，表層地盤に戻ってくる反射波の振幅は位相が逆転し，振幅は 5/7 倍の 1.2 となる．以後，地震波は表層地盤内を $2H/V_2$ の時間で往復するが，そのたびに振幅が 5/7 倍ずつ減衰するとともに位相の逆転が繰り返す．その結果，地表での地震動は図の最上部に示すように，$2H/V_2$ の時間間隔で正負の振幅を繰り返すものとなる．同位相の振幅は $4H/V_2$ の時間間隔で繰り返すので，$T = 4H/V_2$ の周期性が生じ，この T を地盤の固有周期ないし卓越周期と呼ぶ．なお，実際には，表層の地盤は 1 層ではなく多層の場合が多く，地震波は地盤内でも反射・屈折を繰り返すが，その原理は 2 層地盤の場合と同様である (例えば，嶋，1989)．

このような地盤特性の影響については，地震動の比較観測により，地震観測が始まった当初から気づかれていた．例えば，大森 (1903) は各所で観測された変位記録から地盤による地震動の増幅や固有周期の存在を指摘している．その後，石本 (1934) や Omote et al. (1956) により加速度計による地震動の比較観測が行われ，各地の地盤特性について検討された．図 4.12

68   4. 強震記録にみられる地震動の特性

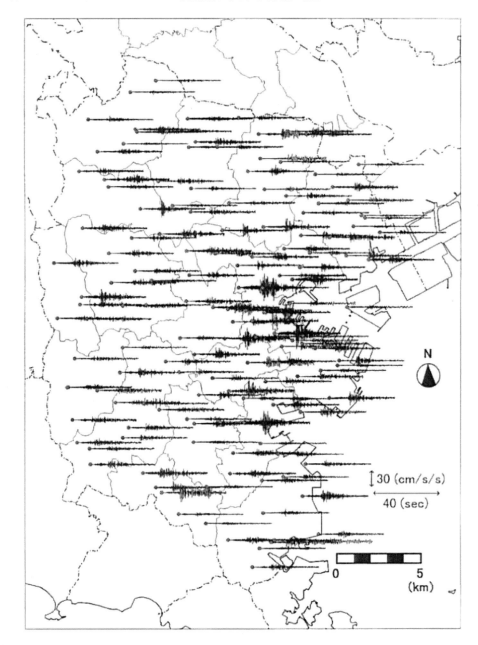

図 4.12 横浜市で観測された加速度波形の比較 (1997 年 5 月 3 日の伊豆半島東方沖の地震 M5.7)

は，横浜市の高密度強震観測網による市内 150 地点での加速度記録の比較である (Midorikawa, 2005)．最大振幅の違いは最大で 10 倍程度ある．各地点での震源距離はあまり変わらないので，地盤特性によって，このような大きな違いが生じたことを示している．

これらの記録のうち，岩盤上の ABM，IZR，MIM と軟弱地盤上の KHS，NSM，TRK での加速度波形 (NS 成分) の比較を図 4.13 に示す (年縄・他，2000)．最大加速度が岩盤では 4~7 cm/s^2 であるのに対して軟弱地盤では 11~33 cm/s^2 と大きい．図 4.14 に示す加速度フーリエスペクトルについても，実線で示した岩盤の記録は比較的平坦な形状をしているの

4.4 地盤特性

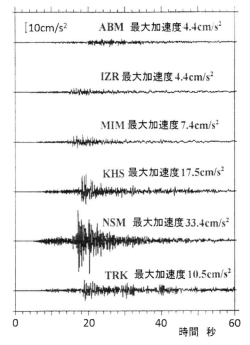

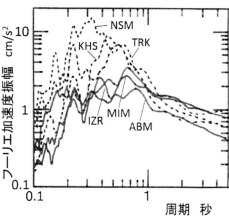

図 4.14 岩盤（ABM,IZR,MIM）および軟弱地盤
　　　（KHS, NSM, TRK）でのフーリエ加速度ス
　　　ペクトルの比較

図 4.13 岩盤（ABM,IZR,MIM）および軟弱地盤
　　　（KHS, NSM, TRK）での加速度波形の比較

に対して，点線で示した軟弱地盤上の記録は周期 0.2～0.6 秒にかけて大きなピークを示し，軟弱な地盤によって地震動が大きく増幅している．

このような地盤による増幅は，前述のように地盤内での地震波の反射・屈折によるもので，地盤構造がわかれば計算することができる．しかしながら，広い範囲で地盤の揺れやすさを評価しようとする場合には，地盤構造についての詳細な情報を必要とせずに簡便な指標のみで評価可能な方法が望まれる．

利用できる地盤の情報が限られていた時代には，各地で観測された震度とそこでの表層地質から，表層地質と地盤の揺れやすさの関係が示された (高橋, 1949; Richter, 1959; Medvedev, 1962)．より定量的な地盤の評価として，北澤 (1949) はボーリングによる貫入試験の値から深さ 30 ないし 40 m までの地盤の硬軟度を定量化し，東京下町での関東地震の全壊率と相関がみられることを示した．

その後，地盤の S 波速度が測定されるようになり (小林, 1959)，表層地盤の S 波速度と地盤の増幅度に強い相関があることが確認された (嶋, 1977)．現在では，地盤の揺れやすさを評価するための簡便な指標として深さ 30 m までの地盤の平均 S 波速度 V_{S30} がよく用いられている (Borcherdt, 2012)．その理由として，図 4.10 で説明したように，1) 表層地盤の S 波速度が遅くなるほど基盤から地盤への透過波の振幅が大きくなり地盤が揺れやすくなること，および 2) 表層地盤が薄い場合には卓越周期が短く広い周期範囲で増幅度が大きくならないので，表層地盤の層厚を反映した，ある程度の深さまでの平均的な S 波速度が重要となることが指摘できる．

地盤の増幅度と平均 S 波速度の関係は，米国や日本の地震記録の分析により 1990 年代か

ら提案されている (例えば, Borcherdt et al., 1991; Boore et al., 1993; Midorikawa et al., 1994). 一例として, 藤本・翠川 (2006) は近接する観測点ペアの地震記録を用いて, 最大速度に対する地盤の増幅度 Fv を抽出し, それと深さ 30 m までの平均 S 波速度 V_{S30} (m/s) との関係を下式のように示している.

$$\log Fv = 2.367 - 0.852 \log V_{S30} \tag{4.9}$$

この式では, $V_{S30} = 600$ m/s のとき $Fv = 1$ となるので, $V_{S30} = 600$ m/s の地盤を基準としていることになる. $\log V_{S30}$ に係る係数が増幅度の V_{S30} 依存性を示しており, この式では係数は -0.85 であり, V_{S30} が 1/2 になると増幅度は 1.8 倍になることを示している. なお, 他の研究でも, この係数は弱震時で $-0.7 \sim 0.9$ と, 同様の値が得られている (翠川・他, 2008).

最大加速度に対する地盤の増幅度については, この係数に振幅依存性がみられ, 弱震時で -0.77, 強震時で -0.4 程度と最大速度の場合に比べて小さい (藤本・翠川, 2006). 他の研究でも, 強震時ではほぼ 0 という値も得られており (Seyhan and Stewart, 2014), これは後述する地盤の非線形性の影響で強震時には短周期の地盤の増幅度が低下するためと考えられる.

この V_{S30} を地盤調査を行わずに容易に利用できる情報のみから推定するため, 表層地質と V_{S30} の対応が検討され, これを利用して, 表層地質図から V_{S30} マップが作成されている (例えば, Fumal and Tinsley, 1985). また, 近年ではデジタル標高データが世界中で利用可能であることに着目して, 標高データから求めた傾斜度と平均 S 波速度との関係を整理して, 傾斜度のみから V_{S30} マップを作成することも試みられている (Wald and Allen, 2007).

日本では全国をカバーする地形・地盤分類メッシュマップ (国土庁・国土地理院, 1992 ; 若松・他, 2005) が利用できることから, 地形・地盤分類から地盤の平均 S 波速度 V_{S30} を推定

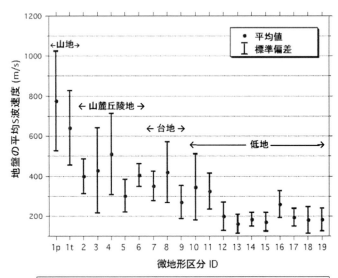

図 4.15 微地形区分と地盤の平均 S 波速度との関係

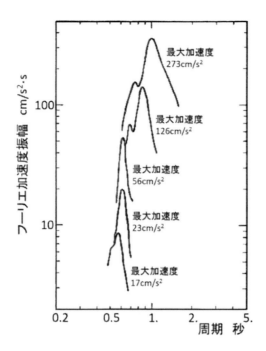

図 4.16 振幅レベルによるスペクトルの変化

する方法が提案されている (松岡・他, 2005)。図 4.15 に微地形区分と地盤の平均 S 波速度との関係を示す。標高が高い微地形ほど地盤の平均 S 波速度の値が大きく、山地 > 山麓丘陵地 > 台地 > 低地の順となっている。低地については、例えば、扇状地 > 砂州・砂礫州 > 自然堤防 > 三角州・海岸低地 > 後背湿地の順で平均 S 波速度が大きく、これは各微地形を構成する堆積物の粒径の大きい順 (砂礫 > 砂 > 粘土) と概ね対応している。このように、地形・地盤分類では低地が細分類化されているので、表層地質のみを用いるよりは、平均 S 波速度の推定がより細かく行える。これらの関係と (4.9) 式を用いることで、地形・地盤分類メッシュマップから地盤の増幅度マップが推定されている。

S 波速度などの地盤の動的特性には強いひずみ依存性が存在し、そのため、大振幅時には地盤特性に非線形が生じ、地盤の特性は弱震時とは異なることも指摘されている。図 4.16 は、塩釜港湾で観測された強震記録のスペクトルを示したものである (時松・翠川, 1988)。最大加速度が 20 cm/s^2 程度の記録の場合には周期 0.5 秒程度に鋭いピークがみられるのに対して、最大加速度が増大するにつれてピーク周期は伸びていき、最大加速度が 300 cm/s^2 弱の記録ではピーク周期は 1 秒に伸びている。これは、地盤内に生じたひずみの増大とともに地盤のせん断剛性が低下したために、地盤の卓越周期が伸びたためと考えられる。

表層と基盤の 2 層地盤を仮定すると、強震時の地盤の卓越周期 T の伸び具合から地盤のせん断剛性 $G(\rho V_s^2)$ の変化が、強震時の最大速度振幅 V と表層地盤の S 波速度 V_s から表層地盤内の有効ひずみ γ_{eff} の大きさが、それぞれ以下の式で推定できる。

$$G/G_0 = (T_0/T)^2 \tag{4.10}$$

$$\gamma_{\text{eff}} = 0.4V/V_s \tag{4.11}$$

ここで、G_0 は微小ひずみ時の地盤の剛性、T_0 は弱震時の地盤の卓越周期である。軟弱地盤で観測された多数の記録に対してせん断剛性比と有効ひずみを求め、両者の関係をプロット

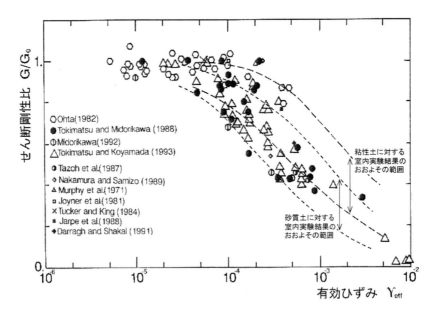

図 4.17 強震記録から推定された地盤のせん断剛性比と有効ひずみの関係

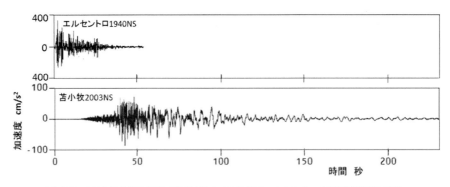

図 4.18 2003年十勝沖地震での苫小牧と1940年のエルセントロの加速度波形の比較

すると,図4.17が得られる(翠川,1993)。ひずみが10^{-4}程度まではせん断剛性の変化はほとんどみられないが,10^{-3}ではせん断剛性比は40%程度に,10^{-2}では10%以下に低下している。この結果は,土の室内実験結果と整合している。地盤内のひずみが大きくなると,地盤の剛性が低下するだけでなく,地盤の減衰が増大することも確認されており,卓越周期が長周期化するだけでなく,短周期領域で増幅度が低下し,地盤の特性が弱震時とは変化する。したがって,軟弱な地盤で大振幅の地震動を予測する際には地盤の非線形性の影響を適切に評価することが必要とされる。

上述の地盤特性は地盤内を鉛直方向に伝播する実体S波によるものであるが,震源が浅い場合には地盤内を水平方向に伝播する表面波が励起される。その一例として,2003年十勝沖地震の際に震央から約250 km離れたK-NET苫小牧で観測された加速度波形を1940年エルセントロの記録と比較して図4.18に示す。最大加速度は100 cm/s^2弱と小さいものの,エルセントロの記録に比べて,長周期の揺れが長時間継続しており,波形の様相は異なったものとなっている。このような長周期地震動により苫小牧では大型石油タンク内の石油がスロッシングを起こし,大規模なタンク火災を引き起こした。

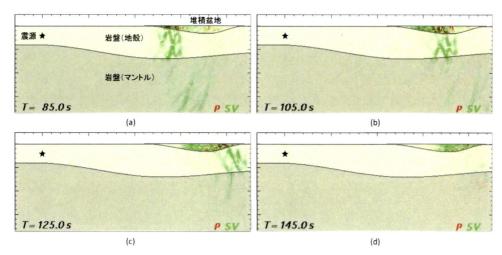

図 4.19 堆積盆地内で表面波が成長する様子 (東京大学古村教授による資料から作成)

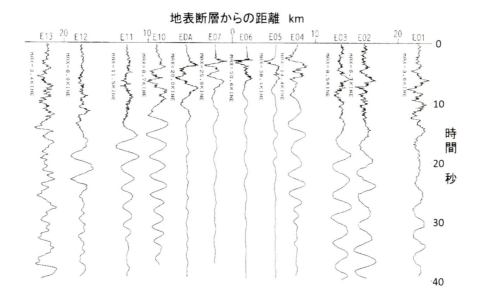

図 4.20 1979 年インペリアルバレー地震の上下動成分の速度波形にみられる表面波成分

　このような地震動が生じたのは，震源から伝播してきた地震波が堆積盆地に入射して，堆積盆地の中で反射を繰り返し地震波が閉じこめられ，表面波として成長するためである。図 4.19 に堆積盆地内で表面波が成長する様子を示す。図の濃い部分が地震波による揺れを示している。図の左側の震源から岩盤内を右方向に伝播する地震波は図の右側にある堆積盆地の端部に到達し，盆地内に地震波が入射されていく (a)。岩盤内を伝播する地震波は右方向に進みながら堆積盆地の中にさらに入射され盆地内で複雑に反射を繰り返し表面波として成長し始め (b)，堆積地盤内をゆっくりと伝播していく (c)。岩盤内の地震波が通り過ぎた後も，堆積盆地に入射した地震波の反射はおさまらずに揺れ続ける (d)。

　このような盆地端部から入射した地震波が盆地内部で表面波として成長して生ずる波は盆地端部生成表面波と呼ばれ，盆地構造に応じた特定の周期の波が卓越しやすい。この周期は，

例えば，関東平野では 5〜10 秒，大阪平野では 5 秒前後，と比較的長い。震源から長周期の地震波が放射されるマグニチュードが大きい地震で，堆積盆地に横方向から地震波が入射するような震源が浅い地震の場合に，堆積盆地上で長周期地震動が生じやすくなる。

このような表面波は震源付近でも励起される場合がある。図 4.20 は 1979 年インペリアルバレー地震の際に E01 から E13 地点で観測された上下成分の速度波形である (翠川，1982)。観測点の配置は図 3.16 に示してある。観測点 E06 と E07 の間に震源断層が位置しており，断層から 5 km 程度以内では揺れは 5 秒間程度で小さくなるが，断層から離れると後続の波が現れ始め成長していく様子がみられる。この地域は深さ 5 km 程度の堆積地盤に覆われており，断層から射出された地震波が堆積地盤内で反射屈折を繰り返しながら水平方向に伝播して表面波が生成され，震源からやや離れたところで大振幅の長周期地震動を生じたものと解釈できる。したがって，同様の堆積地盤上にあるわが国の大都市直下で浅い地震が生じた場合にも，このような長周期地震動が発生する恐れがある。

文　　献

1) Boore, D., W. Joyner and T. Fumal: Estimation of Response Spectra and Peak Acceleration from Western North American Earthquakes, U.S. Geological Survey Open-File Report 93-509, 72pp., 1993.

2) Borcherdt, R.D.: Vs30 – A site-characterization parameter for use in building codes, simplified earthquake resistant design, GMPEs, and ShakeMaps, Proceedings of the 15th World Conference on Earthquake Engineering, Paper#0173, 10pp., 2012.

3) Borcherdt, R., C. Wentworth, A. Janssen, T. Fumal and J. Gibbs: Methodology for Predictive GIS Mapping of Special Study Zones for Strong Ground Shaking in the San Francisco Bay Region, CA, Proc. Fourth International Conference on Seismic Zonation, Vol.3, pp.545–552, 1991.

4) Fumal, T. and J. Tinsley: Mapping shear-wave velocities in near-surface geological materials, Evaluating Earthquake Hazards in the Los Angeles Region: An Earth Science Perspective, U.S. Geol. Surv. Profess. Paper. No.1360, pp.127–150, 1985.

5) 藤本一雄・翠川三郎：近接観測点ペアの強震記録に基づく地盤増幅度と地盤の平均 S 波速度の関係，日本地震工学会論文集，Vol.6, No.1, pp.11–22, 2006.

6) 石本巳四雄：東京横濱市内 10 個所における地震動加速度観測 (1)，東京大学地震研究所彙報，Vol.12, pp.234–248, 1934.

7) 北澤五郎：地盤の硬軟度と震害，地震，Vol.1, pp.48–49, 1949.

8) 小林直太：SH 波をつかって地盤構造をきめる一方法，地震，Vol.12, pp.19–24, 1959.

9) 国土庁・国土地理院：国土数値情報 (改訂版)，大蔵省印刷局，202pp., 1992.

10) 松岡昌志・若松加寿江・藤本一雄・翠川三郎：日本全国地形・地盤分類メッシュマップを利用した地盤の平均 S 波速度分布の推定，土木学会論文集，No.794, pp.239–251, 2005.

11) Medvedev, S.: Engineering Seismology, U.S. Department of Commerce, 260pp., 1962.

12) 翠川三郎：強震地動における表面波成分の勢力，第 6 回日本地震工学シンポジウム講演集，pp.153–160, 1982.

13) 翠川三郎：強震時にみられる地盤特性の評価，地震，Vol.46, pp.207–216, 1993.

14) Midorikawa, S.: Dense Strong-Motion Array in Yokohama, Japan and Its Use for Disaster Management, Directions in Strong Motion Instrumentation, NATO Science Series, pp.197–208, 2005.

15) Midorikawa, S., M. Matsuoka and K. Sakugawa: Site Effects on Strong-Motion Records Observed during the 1987 Chiba-Ken-Toho-Oki Earthquake, Proc. the Tenth Japan Earthquake Engineering Symposium, Vol.3, pp.85–90, 1994.

16) 翠川三郎・駒澤真人・三浦弘之：横浜市高密度強震計ネットワークの記録に基づく地盤増幅度と地盤の平均 S 波速度との関係，日本地震工学会論文集，Vol.8, No.3, pp.19–30, 2008

17) Omote, S., S. Komaki and N. Kobayashi: Earthquake Observations in Kawasaki and Turumi

Areas and the Seismic Qualities of the Ground, Bull. Earthq. Res. Inst., Univ. of Tokyo, Vol.34, pp.335–364, 1956.

18) 大森房吉：地震動に関する調査，震災予防調査会報告，第 41 号，pp.9–61，1903.

19) Richter, C.: Seismic Regionalization, Bull. Seism. Soc. Am., Vol.49, pp.123–162, 1959.

20) Seyhan E. and J. Stewart: Semi-empirical nonlinear site amplification from NGA-West2 data and simulations, Earthquake Spectra, Vol.30, pp.1241–1256, 2014.

21) 嶋　悦三：東京都 23 区の予想震度分布，第 5 回地盤震動シンポジウム資料集，pp.61–65，1977.

22) 嶋　悦三：地盤震動，わかりやすい地震学，鹿島出版会，pp.135–170，1989.

23) 高橋龍太郎：鉄道の被害二三について，昭和 23 年福井地震調査研究速報，pp.114–120，1949.

24) 時松孝次・翠川三郎：地表で観測された強震記録から推定された表層地盤の非線形性状，日本建築学会構造系論文集，No. 388，pp.131–137，1988.

25) 年縄　巧・西田秀明・翠川三郎・阿部 進：横浜市高密度強震計ネットワーク観測点における強震動と常時微動のスペクトル特性の比較，土木学会論文集，No.640/I-50，pp.193–201，2000.

26) 若松加寿江・久保純子・松岡昌志・長谷川浩一・杉浦正美：日本の地形・地盤分類デジタルマップ CD-ROM 付，東京大学出版会，96pp.，2005.

27) Wald, D. and T. Allen: Topographic slope as a proxy for seismic site conditions and amplification, Bull. Seism. Soc. Am., Vol.97, pp.1379–1395, 2007.

5

強 震 動 の 予 測

5.1　強震動の予測手法

　各種の地震対策を考える上で，大地震が発生した場合にどのくらい強い揺れに見舞われるのかを，あらかじめ予測しておくことが必要とされる。大地震時に生ずる強い揺れを予測することを強震動予測と呼ぶ。強震記録の蓄積とともに強震動の研究が進められ，その結果，強震動予測手法が発展してきた。この手法としては，大きく分けて，経験的手法，理論的手法，半経験的手法がある。

　経験的手法は，観測データを統計的に解析して，地震規模や震源からの距離などの数少ない簡単な情報だけで地震動の強さを予測するもので，簡便な手法である。経験的手法は観測データに基づくため，観測データが限られる震源近傍では予測の信頼性は低下するが，工学的に重要な地震動の短周期成分の説明力は単純化されたモデルに基づく理論的手法に比べて高い。数少ない情報だけで予測するために，想定した地震や観測点等の固有の特性が十分には反映されにくく，予測精度は高いとは言いにくい。

　理論的手法は，地震波の発生に関する震源モデルや波動伝播についての物理モデルに基づいて，地震動を計算するものである。波動伝播については，伝播経路を水平成層構造に単純化した解析的方法が用いられてきたが，計算機の性能の向上に伴い，複雑な3次元構造を考慮した差分法や有限要素法による数値的方法が用いられるようになってきた。理論的手法は経験的手法と逆の特徴があり，震源近傍でも予測の信頼性が低下することはないが，モデル化の際に複雑な現象を単純化しているために短周期成分の説明力は低い。近年では，より短周期成分まで説明するために複雑な震源モデルも提案されているが，伝播経路の地下構造も含めて，計算に必要なパラメータが多数となり，その設定に不確定性が生ずる。また，多大な計算労力を必要とする。

　半経験的手法は経験的手法と理論的手法のそれぞれの欠点を補うために両者を組み合わせた手法である。観測された小地震の記録ないし観測記録の統計解析結果から合成された小地震の記録を断層モデルの考え方に基づいて重ね合わせて，大地震の記録を合成する手法である。小地震の記録として観測記録を用いる手法は経験的グリーン関数法と，統計的に合成された記録を用いる手法は統計的グリーン関数法と，それぞれ呼ばれる。この手法では理論的手法に比べて短周期成分まで説明できるが，理論的手法と同様に，経験的手法に比べて設定すべきパラメータの数は多い。経験的グリーン関数法の場合には，想定する大地震と同様の場所で発生した地震による対象地点での記録が必要となる。統計的グリーン関数法では小地震の記録は必要としないが，統計解析から求められた平均的な特性の合成記録を用いるため

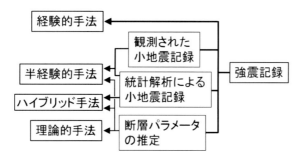

図 5.1 強震動予測手法と強震記録の関係

に観測点や伝播経路の固有の特性が十分には考慮できない面が生ずる。

さらに，統計的グリーン関数法と理論的手法を組み合わせたハイブリッド手法も提案されている。これは，接続周期と呼ばれる周期を境に，長周期帯域は理論的手法で，短周期帯域は統計的グリーン関数法で，それぞれ波形を計算し，両者を足しあわせて広帯域の波形を求める手法である。この手法は，理論的手法は長周期帯域で，統計的グリーン関数法は短周期帯域で，それぞれ信頼性がより高いことを考慮して考案された。

このように，これらの手法には，それぞれ長所と短所がある。そこで，目的や利用できる情報に応じて，それぞれの計算手法が使い分けられている。例えば，想定する地震や観測点の情報が限られている場合には，経験的手法が用いられる。観測点での適切な小地震の記録が利用できる場合には，経験的グリーン関数法が選択できる。想定地震の震源パラメータや伝播経路の地下構造が調査されており，計算労力もかけられる場合には，理論的手法やハイブリッド手法が選択できる。

これらの手法を構築する際には，図5.1に示すように，いずれの場合も強震記録が利用されている。経験的手法は強震記録の統計解析に基づくもので，最も直接的に強震記録を利用して手法が構築されている。理論的手法でも，断層パラメータの推定の際には，強震記録の分析から推定された過去の地震の断層パラメータを参照しており，間接的にではあるが，手法を適用する際に強震記録が利用されている。半経験的手法のうち，経験的グリーン関数法では観測記録が小地震の記録として利用される。統計的グリーン関数法で用いられる小地震の記録は強震記録の統計解析に基づいたものである。このように，いずれの強震動の予測手法も観測された強震記録に立脚しており，強震記録の充実が予測手法の発展に貢献しているといえる。

次節で，これら強震動予測手法のうち，最も直接的に強震記録を利用して構築されている経験的手法である距離減衰式について詳しく説明する。理論的手法および半経験的手法，ハイブリッド手法については日本建築学会 (2009) 等を参照されたい。

文　　献

1) 日本建築学会：最新の地盤震動研究を活かした強震波形の作成法, 163pp., 丸善, 2009.

5.2 地震動の距離減衰式

a) 距離減衰式の歴史

 ある一つの地震の際に各地点で観測された最大加速度と距離の関係をプロットすると，図5.2のように，揺れの強さは震源からの距離とともに減衰する．距離減衰式は，観測データから図の曲線のような平均的な関係を求めて，地震規模や震源からの距離などの数少ない簡単な情報だけで地震動の強さを予測する式である．なお，距離減衰式は，距離による地震動の減衰だけでなく地震規模などの影響も含めて地震動強さのレベルを決めるものであるので，距離減衰式では意味が狭くとらえられる恐れがある．そこで，最近では地震動予測式と呼ばれる場合も増えているが，ここでは，従来通り距離減衰式と呼ぶこととする．

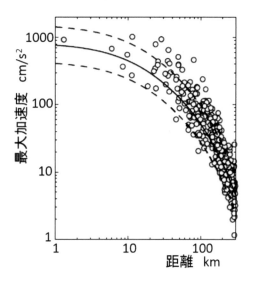

図 5.2 2000年鳥取県西部地震での最大加速度の距離減衰

 距離減衰式は観測記録に基づくが，初期の距離減衰式の導出の際には，利用できる強震記録が限られていることから，工夫がなされている．米国では，1930年代に強震観測が開始され，1940年代から地震動の最大加速度と地震規模や震央距離の関係が検討されはじめ (Gutenberg and Richter, 1942)，1956年に最大加速度の距離減衰式が提案された (Gutenberg and Richter, 1956)．この距離減衰式は1933年から1954年までにカリフォルニアで得られた約200の強震記録に基づいている．震源近傍の記録はほとんどないが，震央直上で推定された震度の値から震央距離が0での最大加速度の値を推定して距離減衰式を構築している．

 日本では，1950年代から金井による強震動の研究がなされ，Mおよび震央距離，地盤の卓越周期をパラメータとした地震動の距離減衰式が提案され，この式が1933年から1957年までにカリフォルニアで観測された強震記録の最大加速度をおおむね説明することが確認されている (Kanai, 1961)．この式は，日本で強震記録がほとんどない時期に，変位の距離減衰を表す坪井式に，日立鉱山の基盤での地震動の観測結果と地盤の振動特性に関する半実験式を組み合わせて巧妙に構築されたもので，その導出過程は田中 (1985) により解説されている．その後，1966年の松代群発地震の臨時強震観測により震源付近で得られた強震記録を用いて，震源近傍まで適用可能なように式が改訂された (Kanai et al., 1966)．これが金井の距離減衰式と呼ばれ，その後，日本では長い間利用された．

 その後，米国では，1971年サンフェルナンド地震や1979年インペリアルバレー地震で多数の強震記録が得られるたびに，多くの距離減衰式が提案されてきた．日本でも，1968年十勝沖地震などで多数の記録が得られるようになり，例えば，1963年から1970年に得られた330記録から距離減衰式がKatayama (1974) により提案されている．さらに，1995年兵庫県南部地震で震源付近での記録が得られたり，K-NETなどの強震観測網が充実したりし

て，利用できる記録が増加するたびに，多くの距離減衰式が提案されるようになった．既往の米国の研究については，Trifunac and Brady (1976)，Campbell (2003) などにより，わが国のものについては，望月 (1983)，翠川 (2009) などにより，世界各地でのものについては，Douglas (2016) などにより，それぞれレビューがなされている．

文　　　献

1) Campbell, K.: Strong-motion attenuation relations, International Handbook of Earthquake and Engineering Seismology Part B, Academic Press, pp.1003–1012, 2003.
2) Douglas, J.: Ground motion prediction equations 1964–2016, http://www.gmpe.org.uk/ gm-pereport2014.pdf (last access 2016/12/13).
3) Gutenberg, B. and C.F. Richter: Earthquake Maginitude, Intensity, Energy, and Acceleration, Bull. Seism. Soc. Am., Vol.32, pp.163–191, 1942.
4) Gutenberg, B. and C.F. Richter: Earthquake Maginitude, Intensity, Energy, and Acceleration (Second Paper), Bull. Seism. Soc. Am., Vol.46, pp.105–145, 1956.
5) Kanai, K.: An empirical formula for the spectrum of strong earthquake motion, Bull. Earthq. Res. Inst., Univ. of Tokyo, Vol.39, pp.85–95, 1961.
6) Kanai, K., K. Hirano, S. Yoshizawa and T. Asada: Observation of strong earthquake motions in Matsushiro area, Part 1, Bull. Earthq. Res. Inst., Univ. of Tokyo, Vol.44, pp.1269–1296, 1966.
7) Katayama, T.: Statistical Analysis of Peak Accelerations on Recorded Earthquake Ground Motions, 生産研究, Vol.26, pp.18–20, 1974.
8) 翠川三郎：地震動強さの距離減衰式，地震，Vol.61, pp.S471–477, 2009.
9) 望月利男：強震地動と最大地動予測式，地震動と地盤－地盤震動シンポジウム 10 年の歩み－，日本建築学会，pp.62–81, 1983.
10) 田中貞二：金井式に関する調査，ORI 研究報告 85-02, 大崎総合研究所，37pp., 1985.
11) Trifunac, M. and A. Brady: Correlations of peak acceleration, velocity and displacement with earthquake magnitude, distance and site conditions, Earthquake Engineering and Structural Dynamics, Vol.4, pp.455–471, 1976.

b) 距離減衰式を構成する要素

　地震動の振幅 (A) は震源からの距離 (X) とともに減衰するが，距離が非常に近くなると，振幅は飽和する傾向がみられる．また，地盤条件によっても地震動の強さは異なる．さらに，地震規模 (M) が同じでも地震のタイプ等によって地震動の強さは変わる．距離減衰式では，いくつかのパラメータを説明変数とした関数を仮定して，観測値を回帰分析して求められる場合が多い．例えば，司・翠川 (1999) の距離減衰式では以下のような関数型が用いられている．

$$\log A = aM - b\log(X + d(M)) + c_i + e_j + fD - kX \tag{5.1}$$

　右辺の第 1 項の a は地震動強さが地震規模 M に依存する割合を示す係数で，地震動強さとして最大加速度を用いた場合には 0.5 の値をとり，最大速度の場合には 0.6 程度とやや大きくなる．第 2 項の b は断層面最短距離 X [km] による減衰の割合を表す係数で，1 の値がよく用いられ，ごく浅い地震の場合には観測結果をよく説明している．図 5.2 からわかるように，距離が近いところでは地震動の強さは距離によらず一定の値に収束する傾向があることから，X に $d(M)$ を加えることで，X が 0 になっても地震動強さ A は飽和するようになっている．図 5.3 に $M = 6 \sim 8$ での最大加速度の距離減衰を示す．

　$d(M)$ を M の関数としているのは，地震動の強さが飽和しはじめる距離が地震規模により異なり，その結果，震源に非常に近いところでは地震動の強さは地震規模によってあまり変化

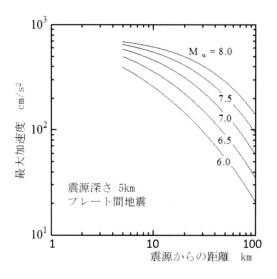

図 5.3 司・翠川 (1999) の距離減衰式の M 依存性

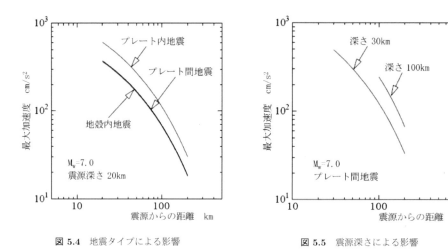

図 5.4 地震タイプによる影響   図 5.5 震源深さによる影響

しないという観測事実からである.既往の距離減衰式では,標準的な地盤で 500〜1,000 cm/s² 程度の最大加速度値で飽和するものが多い.ただし,後述するように距離減衰式からの値と個々の観測値との差は小さくないので,このことが震源近傍での最大加速度が 1,000 cm/s² を上回らないということを意味するものではない.

第 3 項の c_i は地盤条件 i による変数で,通常の地盤に対して岩盤での最大加速度は 7 割程度となる結果となっている.最大速度に対しては深さ 30 m までの地盤の S 波速度 V_{S30} [m/s] を変数とした関数が用いられている.第 4 項の e_j は地震のタイプ j による変数で,図 5.4 に示すように,スラブ内地震ではプレート間地震や地殻内地震に比べて最大加速度が 2 倍程度大きくなる結果となっている.第 5 項の f は震源深さ D [km] に依存する割合を示す係数で,図 5.5 に示すように,震源深さが 50 km 深くなると最大加速度が 3 割程度大きくなる結果となっている.最後の項は伝播経路での粘性減衰等を表す項で,距離が遠い場合に影響を及ぼす.結局,この式では,地震の規模・タイプ・深さや,観測点の地盤条件,震源から観測点までの距離,の 5 つのパラメータ (説明変数) で地震動の強さが予測される.表 5.1 にこれら

表 5.1 司・翠川 (1999) の距離減衰式の係数

	a	b	d(M)	c_i	e_j	f	k
最大加速度 [cm/s²]	0.5	1	0.0055 $10^{0.5M}$	0. (地盤) -0.146(岩盤)	0.61(地殻内) 0.62(プレート間) 0.83(プレート内)	0.043	0.003
最大速度 [cm/s]	0.58	1	0.0028 $10^{0.5M}$	$1.83 - 0.66 \log V_{S30}$	-1.29(地殻内) -1.31(プレート間) -1.17(プレート内)	0.038	0.002

の係数の値を示す。この式は，地震動強さとして最大加速度および最大速度を対象としているが，応答スペクトルを始めとしてエネルギースペクトルや震度など他の地震動強さを対象としたものも多数提案されている。

文　　献

1) 司　宏俊・翠川三郎：断層タイプ及び地盤条件を考慮した最大加速度・最大速度の距離減衰式，日本建築学会構造系論文集，第 523 号，pp.63-70, 1999.

c) 距離減衰式のバラツキ

距離減衰式は個々のデータから得られる平均的な関係であり，図 5.2 に示したように，実際の個々の観測結果は距離減衰式からバラツキを持って分布している。確率論的地震動評価において低確率での地震動強さは，このバラツキに大きく支配されるため，近年の研究では，距離減衰式から得られる平均的な地震動強さのみならず，そのバラツキについても重要視されている。

図 5.6 は司・翠川 (1999) の距離減衰式からの最大加速度値に対する観測値の比をとり，その対数の値の頻度分布を示したものである。距離減衰式に対する観測値のバラツキは対数正規分布となっている。この場合の標準偏差は 0.3 であり，既往の他の距離減衰式の標準偏差も同程度の値を示す。距離減衰式の対数標準偏差が 0.3 程度であることが，地震動の予測精

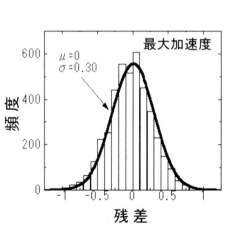

図 5.6 距離減衰式からの観測値の残差の分布

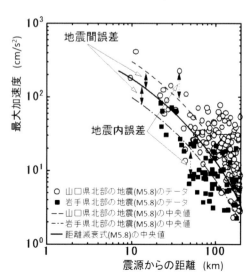

図 5.7 地震内誤差と地震間誤差の説明図

度は倍半分ともいわれる所以でもある。

距離減衰式のバラツキは地震内誤差と地震間誤差に分離できる。図5.7は，$M = 5.8$ の山口県北部および岩手県北部の地震で観測された最大加速度を示している。それぞれの地震ごとに距離減衰式を導いたのが破線と一点鎖線である。実線で示しているのが $M = 5.8$ の平均的な距離減衰式を示している。ここで，各々の地震で導かれた距離減衰式とデータの差を地震内誤差と呼び，各地震から導かれた式どうしの差を地震間誤差と呼ぶ。

既往の距離減衰式の地震内誤差および地震間誤差の対数標準偏差はそれぞれ 0.25 程度および 0.15 程度で，地震間誤差に比べて地震内誤差が大きい (翠川・大竹，2003)。バラツキの要因について，震源特性，伝播特性，地盤特性の面から分けて考えてみると，地震内誤差に関しては，震源特性に関連するものでは，4.2 節で述べた断層面での破壊伝播の影響や断層面での破壊が一様でないことの影響により，距離が同じでも振幅がばらつくことなどが考えられる。伝播特性に関連するものとしては，地殻内の地震波速度構造の影響により地震波の伝播経路が複雑化することや減衰の地域性の影響などが考えられる。地盤特性に関連するものとしては，各地点での地盤の増幅特性の違いが正確には除去されていないことなどが考えられる。

地震間誤差に関しては，震源特性に関連するものとしては，個々の地震の特性を地震規模などの簡単なパラメータでモデル化されているため，個々の特性の違いが正確には考慮されていないことなどが考えられる。また，伝播特性や地盤特性に関連するものとしては，それぞれの地域性により平均的な傾向が異なる可能性がある。このように，バラツキの要因は様々で複雑である。

文　　　　献

1)　翠川三郎・大竹　雄：地震動強さの距離減衰式にみられるバラツキに関する基礎的検討，日本地震工学会論文集，Vol.3，No.1，pp.59–70，2003.

d) 距離減衰式の高度化

前述の司・翠川 (1999) の式は，5 つのパラメータ (地震規模，地震タイプ，震源深さ，震源からの距離，地盤条件) を考慮して地震動の最大加速度・最大速度を予測するモデルであるが，近年の震源近傍での強震観測結果や地震学の進展を踏まえて，モデルの高度化が検討されている。例えば，米国では，次世代型距離減衰式の開発プロジェクト (NGA プロジェクト) が複数の研究グループにより組織的に行われている。その第一世代である NGA-West1 では，地震規模依存性，距離依存性，断層破壊伝播効果，上盤効果，地震タイプ・断層深さ・応力降下量の影響，表層地盤増幅，深部地盤構造による増幅，などが吟味され，応答スペクトルに関する距離減衰式が複数提案された (Power et al., 2008)。

しかし，いくつかの課題が残され，さらに，その後に世界各地で多数の大地震の強震記録が得られたこともあり，継続プロジェクトとして NGA-West2 が開始された。このプロジェクトでは，地震動データベースを強化した上で，断層破壊伝播効果，地震動の方向性，認識論的不確定性，地盤増幅の非線形性，上下動の予測，などに焦点をあてながら，さらに新たな距離減衰式が複数提案された (Bozorgnia et al., 2014)。これらのプロジェクトで着目された研究項目を参考にして，距離減衰式高度化のための検討項目を列挙すると，1) 地震規模依存性，2) 地震タイプ・断層深さ，3) 断層破壊伝播効果，4) 上盤効果，5) 距離依存性，6) 地盤

増幅の非線形性, 7) 深部地盤構造による増幅, 8) 予測式のバラツキの分解, があげられる。

1) 地震規模依存性については, 従来の式では, 地震動強さの対数と M が線形関係のものが多かったが, 地震動の短周期成分に対しては, M が大きくなると, その依存性は弱くなることが指摘されている。例えば, 2011年東北地方太平洋沖地震 (M_W9.1) の最大加速度の距離減衰と 2001 年ペルー南部地震 (M_W8.4), 2003 年十勝沖地震 (M_W8.3), 2010 年チリ・マウレ地震 (M_W8.8) の最大加速度の距離減衰を比較すると, ほぼ一致し, M_W8.3 程度以上では地震規模依存性がみられないことが指摘されている (翠川・他, 2012)。そこで, このような特性を周期ごとに定量化して考慮することも進められている。

2) 地震タイプ・断層深さについては, 活断層等による地殻内地震や大陸プレートと海洋プレートの境界で発生するプレート間地震に比べて, 海洋プレート内で発生するスラブ内地震の方がより強い地震動を生じさせることが指摘されている。また, より深い地震の方が地震時の応力降下量が大きくなり, より強い地震動を生じさせることも指摘されている。これらの影響は前述の司・翠川 (1999) の式でも考慮されている。ただし, スラブ内地震は地殻内地震やプレート間地震に比べて深いため, スラブ内地震でより強い地震動が生ずるのが, 地震タイプそのものの影響なのか, 深さの影響なのかを分離しきれずに, 両者を適切に評価できていない恐れもある。今後, データの蓄積を待って, さらなる分析が必要となろう。

3) 断層破壊伝播効果については, 前述したように, 1995 年兵庫県南部地震で観測された震度 7 の地震動の大きな要因のひとつであること等から, 重要視されるようになった。この効果を距離減衰式にとりこむ試みとして, Somerville et al. (1997) は 21 地震の強震記録の回帰分析から破壊伝播効果を補正する係数を比較的簡単な式で表現している。例えば, 鉛直横ずれ断層の場合, 図 5.8 の左側に示す $X (= s/L)$ と θ を用いた $X\cos\theta$ をパラメータとして, 図の右側に示す補正係数を示している。適用範囲は, M_W6.5 以上, 距離 50 km 以内としている。大野・他 (1998) も同様の分析を行い, 断層近傍の記録は, 破壊伝播効果により, 距離減衰式からの値に比べて周期 1 秒程度以上で 2 倍程度大きくなることを指摘している。

しかしながら, 卓越するパルスの周期が地震規模によって異なることや破壊伝播の効果が見られる領域は周期によって異なることなど破壊伝播効果は複雑であり, このモデルでは十分には表現されていないことが指摘され, より詳細なモデル化がなされている (Spudich et al., 2014)。しかし, モデル化の違いにより, 研究ごとに異なる結果が得られており, 統一的

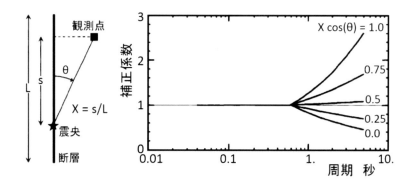

図 5.8 破壊伝播効果の補正係数の例 (Somerville et al., 1997)

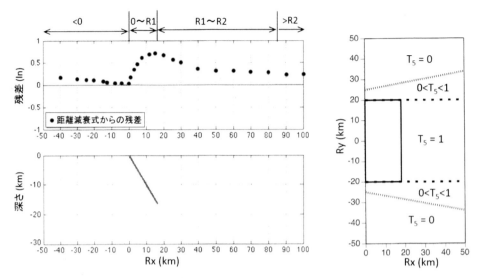

図 5.9　上盤効果の補正係数の例 (Donahue and Abrahamson, 2014)

な結果はまだ得られていない。

　4) 上盤効果については，1994年ノースリッジ地震や2004年新潟県中越沖地震で大きな最大加速度が上盤側で観測され (Abrahamson and Somerville, 1996; 司・翠川，2005)，注目された。地震動シミュレーションから，この補正係数がモデル化されている (Donahue and Abrahamson, 2014)。図5.9にM_W7で傾斜角45°の場合の補正係数の例を示す。図の右側は，断層面の配置の平面図を示す。R_xは断層面の最浅部から断層走行直交方向に測った距離で，上盤側を+に，下盤側を-にとっている。R_yは断層面の最浅部の中央から断層走行方向に測った距離である。図の左側は，下盤側の地震動シミュレーションから得られた距離減衰式に対する各地点での地震動シミュレーション結果の残差の対数 (ln) を示している。下盤側では残差はほぼ0 (補正係数=1) である。上盤側では残差がみられ，断層面の最深部のほぼ直上 ($R_x = 15$ km) で最大の約0.7 (補正係数=2) を示し，R_xが大きくなるにつれて減少する。

　この結果はR_x方向で整理された結果であるが，R_y方向でも距離が離れるにつれて，残差は小さくなり，図の右に示す$T_5 = 0$と書かれた領域では残差は0 (補正係数=1) となる。この結果はMや断層面の傾斜角・大きさ・深さによって変化するため，これらとR_x，R_yをパラメータとした関数でモデル化されている。このモデル化により，断層からの距離として，R_x，R_yの2つが追加で必要とされ，煩雑なものとなっている。

　5) 距離依存性については，減衰の傾きに周期依存性やM依存性が指摘されている (例えば，Campbell and Bozorgnia, 2008)。これは，4.3節で示した媒体の粘性および散乱による減衰に周期依存性があり，地震規模によって卓越する周期が変化するためで説明できる。また，4.3節で示したように，モホ面 (地殻と上部マントルの境界) より浅い地震と深い地震とでは減衰の傾きが異なり，深い地震では距離減衰式で一般的に使われる距離に対して-1乗ではなく-1.5乗程度の傾きとなる。日本の海溝型巨大地震では震源がモホ面より深い場合があるので，距離減衰式の見直しも必要となろう。

　6) 地盤増幅の非線形性については，震源近傍の軟弱地盤上で地震動を予測する場合に重要

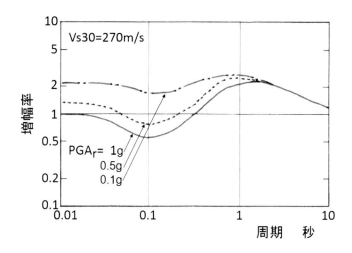

図 5.10 振幅依存の地盤増幅率の例 (Kamai et al., 2014)

な項目となる。Kamai et al. (2014) は，等価線形化手法による地盤応答解析結果から，基準とする岩盤での最大加速度と地盤の平均 S 波速度をパラメータとした振幅依存の地盤増幅率を示し，距離減衰式作成の際の拘束条件として利用することを提案している。図 5.10 に $V_{S30} = 270$ m/s の地盤の場合の地盤増幅率を示す。基準とする岩盤 ($V_{s30} = 1,180$ m/s) での最大加速度 (PGAr) が大きくなるにつれて，短周期で増幅率が小さくなっている。

Seyhan and Stewart (2014) は，岩盤に対する距離減衰式からの観測記録の残差を地盤増幅率とみなし，これと地盤応答解析結果から振幅依存の地盤増幅率を提案している。従来の強震データには地盤増幅の非線形性の影響が強く現れる大振幅のものが限られていることから，これらの結果は地盤応答解析による結果に依存している面が強い。しかし，非常に大きな振幅レベルでの応答解析結果の妥当性は観測記録から十分には確認されていない。そこで，多数の大振幅記録が得られた 2011 年東北地方太平洋沖地震の強震記録を用いて，地盤増幅の非線形性に関する検討も進められており (例えば，堀・翠川，2016)，今後の検討が期待される。

7) 深部地盤構造による増幅については，長い周期帯を対象とする場合に影響が大きい。従来の距離減衰式では，表層地盤の影響は考慮されているが，深い地盤構造の影響は陽には考慮されていないものが多い。深い地盤構造が明らかになっている強震観測点は限られているので，観測記録のみから地盤の増幅度と深部地盤構造との関係を一般化するのは容易ではないが，観測記録と地震動シミュレーションの結果から，S 波速度 2.5 km/s 以上の基盤層までの深さをパラメータとした深部地盤構造の影響の補正項を距離減衰式に導入しているものもある (例えば，Campbel and Bozorgnia, 2008)。これによると，基盤深さが 3 km 以上の場合から深い地盤構造の影響が現れる。しかし，これはロサンゼルス盆地での地震動シミュレーション結果を参照しており，盆地ごとの地盤構造の違いによる地域性があることが予想される。例えば，増井・翠川 (2006) は関東平野での地震観測結果から基盤深さが 0.5 km 程度以上から深い地盤構造の影響が現れることを示している。今後，深部地下構造データや強震記録の充実を待って地域ごとに検討を進める必要があろう。

8) 予測式のバラツキについては，距離減衰式を用いて確率論的評価を行う場合に低確率で

の評価結果に大きな影響を与えることからも，その要因を分析することは重要である．本節のc) 項で述べたように距離減衰式のバラツキの要因は複雑であるため，それぞれの要因に分解して考察する必要がある．例えば，地盤特性によるバラツキなどを除去するために，観測点を固定して距離減衰式を求めて，そのバラツキを検討したり，さらに，伝播特性によるバラツキも除去するため，観測点を固定した上で地震の震源位置を限定した記録を用いて距離減衰式を求めたりする試みもなされている．観測点のみを固定しても標準偏差はあまり小さくならないが，地震の震源位置を限定した記録を用いた場合には標準偏差は半分程度になるという報告もある (例えば，Lin et al., 2011)．バラツキの要因の分析は距離減衰式の高精度化にもつながる重要な課題である．

　以上のように，距離減衰式の高度化のために，地震動シミュレーションや観測記録のさらなる分析により，距離減衰式に採用すべきパラメータや関数型を探ることが重要となる．前者の検討には広い周期帯域で精度や計算効率の高い理論的手法が必要となり，後者の検討には多数の観測記録が必要で強震観測体制の充実が不可欠である．このように，経験的手法は，強震観測と理論的手法の助けを借りながら発展していくものと考えられる．同じことは理論的手法についてもいえる．理論的計算に必要なパラメータを設定する根拠として，観測結果から推定された断層パラメータが参照されたり，経験的手法からの結果との比較がなされる場合が少なくない．経験的手法と理論的手法はお互いに補完するものであり，今後も，経験的手法，理論的手法および強震観測が三位一体となって，強震動予測手法の改良が総合的に進められていくものと考えられる．

文　　献

1) Abrahamson, N. and P. Somerville: Effects of the hanging wall and footwall on ground motions recorded during the Northridge earthquake, Bull. Seism. Soc. Am., Vol 86, pp.S93–S99, 1996.

2) Bozorgnia, Y. et al.: NGA-West2 Research Project, Earthquake Spectra, Vol.30, pp.973–987, 2014.

3) Campbell, K. and Y. Bozorgnia: NGA ground motion model for the Geometric Mean Horizontal Components of PGA, PGV, PGD and 5% Damped Linear Response Spectra, for Periods Ranging from 0.01 to 10s, Earthquake Spectra, Vol. 24, pp.139–171, 2008.

4) Donahue, J. and N. Abrahamson: Simulation-Based Hanging Wall Effects, Earthquake Spectra, Vol.30, pp.1269–1284, 2014.

5) 堀　愛里香・翠川三郎：強震記録に基づく地盤増幅率の振幅依存性の検討，日本建築学会大会学術講演梗概集，pp.1059–1060，2016.

6) Kamai, R., N. Abrahamson, and W. Silva: Nonliner Horizontal Site Amplification for Constraining the NGA-West2 GMPEs, Earthquake Spectra, Vol.30, pp.1223–1240, 2014.

7) Lin, P.-S., B. Chiou, N. Abrahamson, M. Walling, C.-T. Lee, and C.-T. Cheng: Repeatable Source, Site, and Path Effects on the Standard Deviation for Empirical Ground-Motion Prediction Models, Bull. Seism. Soc. Am., Vol. 101, pp. 2281–2295, 2011.

8) 増井大輔・翠川三郎：工学的基盤での地震記録にみられる深い地盤構造による地盤増幅特性，土木学会論文集 A，Vol.62，No.2，pp.225–232，2006.

9) 翠川三郎・三浦弘之・司　宏俊：巨大地震の強震動特性に関する予備的検討，構造工学論文集，Vol.58B，pp.139–144，2012.

10) 大野　晋・武村雅之・小林義尚：観測記録から求めた震源近傍における強震動の方向性，第 10 回日本地震工学シンポジウム論文集，Vol.1，pp.133–138，1998.

11) Power, M., B. Chiou, N. Abrahamson, Y. Bozorgnia, T. Shantz, and C. Roblee: An Overview of the NGA Project, Earthquake Spectra, Vol. 24, pp.3–21, 2008.

12) Seyhan, E. and J. Stewart: Semi-Empirical Nonlinear Site Amplification from NGA-West2 Data

and Simulations, Earthquake Spectra, Vol.30, pp.1241–1256, 2014.
13) 司　宏俊・翠川三郎：2004 年新潟県中越地震で観測された最大加速度にみられる Hanging-wall 効果, 日本建築学会大会学術梗概集, Vol.B2, pp.143–144, 2005.
14) Somerville, P., N. Smith, R. Graves and N. Abrahamoson: Modification of Empirical Strong Ground Motion Attenuation Relations to Include the Amplitude and Duration Effects of Rupture Directivity, Seism. Research Letters, Vol.68, pp.199–222, 1997.
15) Spudich, P.. B. Rowshandel, S. Shahi, J. Baker and B. Chiou: Comparison of NGA-West2 Directivity Models, Earthquake Spectra, Vol.30, pp.1199–1221, 2014.

5.3　地震ハザードマップ

　強震動予測の利用例のひとつとして地震ハザードマップがある．このマップは，各地点で予測される地震動の情報 (震度など) を示すもので，これにより，地震防災への意識が向上し，耐震化などの事前対策をより適切に計画でき，災害発生時の対応についても事前の準備が促進されることから，震災の低減に有効である．そのため，地震ハザードマップは国や自治体等により作成されてきた．その代表的な例として，地震調査研究推進本部による全国地震動予測地図がある．この地図は，地震発生の長期的な確率評価と，地震が発生したときに生じる強震動の評価を組み合わせた「確率論的地震動予測地図」と，特定の地震に対して，ある想定されたシナリオに対する強震動評価に基づく「震源断層を特定した地震動予測地図」の 2 種類の地図から構成されている (藤原, 2011)．

a) 確率論的地震動予測地図

　確率論的地震動予測地図とは，各地点において，対象とする期間に発生するであろう地震動の強さとその確率を評価して，その分布を地図上に表現するものである (地震調査研究推進本部, 2006)．図 5.11 に確率論的地震動評価の概要を示す．まず，①対象地域の周辺に発生する地震を分類し，分類した各地震に対して，地震規模ごとの発生確率および対象地点からの距離の確率をモデル化する．②距離減衰式を用いて，地震規模や距離と地震動強さの発生確率の関係をモデル化する．③これらの地震発生モデルと地震動モデルから，それぞれの地震により対象地点で発生する地震動の強さと特定の期間にそれを超過する確率との関係を表すハザードカーブを計算する．④全地震によるハザードカーブを統合して，トータルのハ

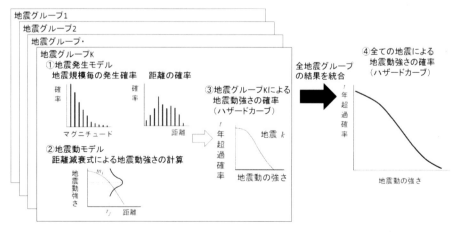

図 5.11　確率論的地震動評価の概要

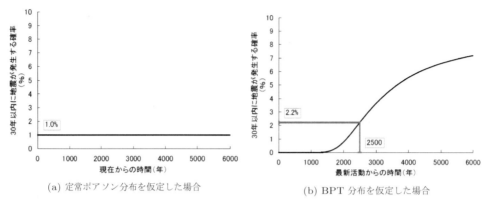

(a) 定常ポアソン分布を仮定した場合　　(b) BPT分布を仮定した場合
図 5.12　地震発生確率の時系列モデルの例 (地震調査研究推進本部，2006)

ザードカーブを計算する。⑤対象地域の各地点について同様の計算を行う。

①の地震の発生確率のモデル化では，全国の震源を震源が特定できる地震と震源が特定できない地震に分けて，それぞれに確率モデルを設定する。震源が特定できる地震として，プレートの沈み込みによる海溝型巨大地震や主要活断層帯，それ以外の活断層で発生する固有地震が想定されている。大地震はほぼ同じ間隔と規模をもって周期的に繰り返し発生すると考えられ，このような地震を固有地震と呼ぶ。海溝型巨大地震や主要活断層帯による地震の多くについては，おおよその活動間隔や最新活動時期が地震調査研究推進本部から示されており，これらの値を考慮したBPT分布モデルを用いて，非定常な地震活動がモデル化されている。図5.12に示すように，定常ポアソン過程では，ある一定期間に地震が発生する確率は時間によらず一定であるが，BPT分布モデルでは，最新活動時期から時間が経過するにつれて確率が上昇する。

震源が特定できない地震には，海溝型巨大地震以外のプレート間地震や沈み込むプレート内地震，活断層が特定されていない陸域の地震がある。全国を陸域・プレート間・プレート内ごとに複数の地域に区分し，各地域で宇津による1885年から1925年のM6以上の地震データと気象庁による1926年以降のM3以上の地震データをもとに，地震規模別の地震の発生確率分布をグーテンベルグ・リヒターの関係式を用いてモデル化している。その際，各地域でMの上限値を歴史地震の規模等を踏まえて設定している。図5.13にその一例を示す。各地域内では地震発生の確率の分布は一様とし，地震発生の時系列モデルは定常ポアソン過程を用いている。これらに基づいて，分類したそれぞれの地震について，地震規模別の発生確率や対象地点に対する距離の確率が評価される。

②の地震動強さの発生確率のモデル化では，

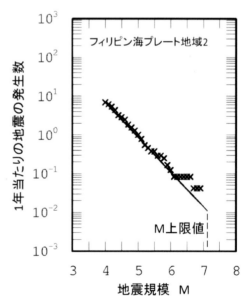

図 5.13　地震規模別の地震発生確率の例 (地震調査研究推進本部，2006)

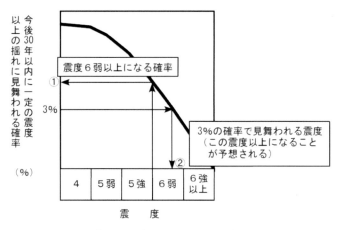

図 5.14　ハザードカーブの例 (地震調査研究推進本部，2006)

工学的基盤 (S 波速度で 400 m/s 相当の地盤) における地震動強さ (最大速度) を求めるために，司・翠川 (1999) の距離減衰式 (5.2 節参照) が用いられている．その際，結果のバラツキは図 5.6 に示したような対数正規分布による確率密度関数を用いて評価している．③では，これらの地震発生モデルと地震動モデルを用いて，各地震に対して着目する期間内にある地震動強さを超える確率 (超過確率) を評価し，地震動強さ (最大速度) と超過確率の関係を示すハザードカーブを求めている．④では，この作業をすべての地震に対して行い，各地震のハザードカーブを統合して，全地震によるハザードカーブを求めている．最後に，対象地点での微地形分類から推定した地盤の増幅度 (4.4 節参照) を工学的基盤での最大速度に掛け合わせて地表での地震動の最大速度を求め，これを震度に変換して (1.1 節参照)，地震動強さを地表の震度とした場合のハザードカーブを求めている．このカーブから，図 5.14 に示すように，例えば，震度 6 弱以上になる確率 (図の①) を求めたり，3% の確率で見舞われる震度の値 (図の②) を求めたりすることができる．各地点で得られたこれらの値をマップ化したものが確率論的地震動予測地図である．

図 5.15 の左の図は，地震動の強さを震度 6 弱以上と固定して，今後 30 年間での発生確率を示したもので，地震動予測地図の代表例として示される地図である．一方，図 5.15 の右の図は，30 年間での確率を 3% と固定して，発生が予想される震度を示したものである．これらの地図は強い揺れが発生する恐れを確率で客観的に表現したものであるが，確率の概念は一般になじみが薄い．そこで，確率が低い地域では大きな揺れが起こらないと断定的に受け止められてしまう恐れもある．

今後 30 年間という期間は一般の社会通念からみると長い期間ではあるが，大地震の発生の繰り返しは百年から数千年以上といった単位であるので，今後 30 年間で確率が小さくても，近い将来発生しないということではない．例えば，2016 年熊本地震を起こした布田川断層帯の 30 年以内の発生確率は地震直前の時点で 0〜0.9% と大きな値ではない．これは，その活動間隔が数千年ないしそれ以上であり，30 年という期間に限ると発生確率は大きなものとはならないためである．そこで，この地震で震度 7 を観測した益城町や西原村でも今後 30 年間での震度 6 弱以上の発生確率は周辺に比べれば大きくなるものの，絶対値としては数% 程度と，それほど大きな値とはならない．

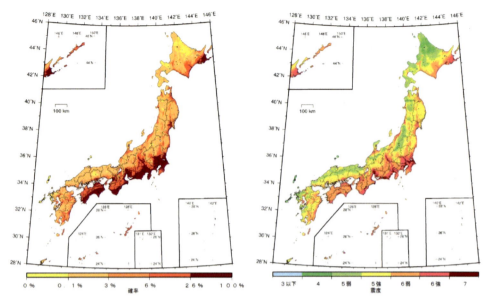

今後30年間に震度6弱以上の揺れを受ける確率　　今後30年間に3%の超過確率で受ける震度

図 5.15　確率論的地震動予測地図 (地震調査研究推進本部, 2017)

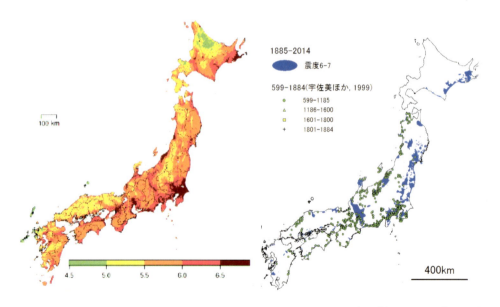

図 5.16　再現期間5千年相当の震度 (地震調査研究推進本部, 2012)

図 5.17　599〜2014年で震度6弱以上を受けた地域

　ある限られた期間での発生確率は小さいものの全国各地で大きな揺れに襲われる可能性があることを示すために，参考として，長期間の予測地図も示されている (地震調査研究推進本部, 2012)。図5.16は再現期間5千年相当の震度を示したものである。地盤が揺れにくい山地部を除けば，ほとんどの地域で，再現期間5千年相当の震度は6弱以上となっている。また，主要な活断層や海溝型地震に近い地域では震度がさらに大きくなっている。参考のため，図5.17に過去の地震 (599〜2014年) で震度6弱以上になったと推定された地域 (翠川・三浦, 2016) を示す。過去の大地震の史料の洩れが少なく記録されている期間は，京都周辺

など長いところで千数百年，東京周辺では5百年程度，北海道では百年程度であるので，この図は空間的に一様な情報ではないが，過去の地震ハザードの実績値を表すものと考えられる．再現期間5千年相当の震度は，おおむね過去の震度の分布を包含していることから，このような長期間の予測地図は過去の実績と対応しているとも言える．

b) 震源断層を特定した地震動予測地図

地震発生の長期評価がなされ，震源断層の特性が明らかにされている地震については，より詳細な強震動評価により，震源断層を特定した地震動予測地図が作成されている．約100の断層帯に対する結果が示されている．この予測地図では，ハイブリッド手法により工学的基盤での時刻歴波形が計算され，その最大速度値に表層地盤の増幅率を掛けて地表面での最大速度値および計測震度の分布が求められている．ハイブリッド手法とは，5.1節で述べたように，短周期領域の波形は半経験的な統計的グリーン関数法で，長周期領域での波形は理論的な三次元差分法で，それぞれ計算して両者を足しあわせる手法である (図5.18参照)．2つの手法の結果を足しあわせるのは，それぞれの手法で信頼性の高い周期帯域が異なるためである．両者を足しあわせる際には，前者の波形は接続周期よりも長周期を，後者の波形は短周期をそれぞれカットするフィルターを通しており，接続周期は1秒としている (地震調査研究推進本部，2009)．

計算では，評価すべき断層帯の地震について，長期評価の結果を基本として，将来最も起こる可能性が高いと考えられるシナリオを選定し，断層全体の形状や規模などの巨視的震源特性，震源断層の不均質性などの微視的震源特性，および破壊様式が設定される．設定のためのレシピも準備されている．しかし，シナリオが1つに絞り込めない場合が多く，その場合には，複数のシナリオを想定することとしている．図5.19に糸魚川-静岡構造線断層帯の北部区間の地震の例を示す．破壊開始位置が南側の断層，中央の断層および北側の断層の場合の3通りの結果が示されている．

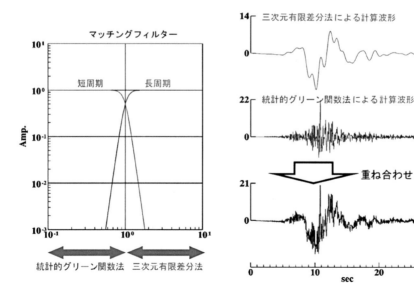

図 5.18　ハイブリッド手法の概念図 (地震調査研究推進本部，2009)

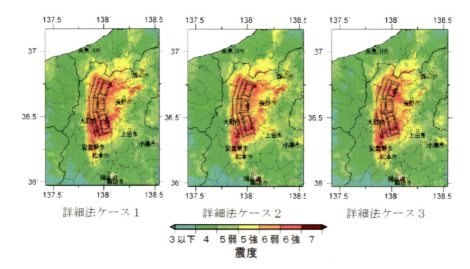

図 5.19　糸魚川–静岡構造線断層帯北部区間の地震の地震動予測地図 (地震調査研究推進本部, 2016)

図 5.20　地震ハザードステーションのトップページ

　この計算には地下構造のモデル化も必要とされ，上部マントルから地震基盤 (S 波速度 3 km/s 相当層) までの地殻構造，地震基盤から工学的基盤 (S 波速度 400 m/s〜700 m/s 相当層) までの深部地盤構造，工学的基盤から地表までの浅部地盤構造に分けてモデル化が行われている。ただし，浅部地盤構造は局所的な変化が大きく，膨大なデータ収集が必要となるため，確率論的予測地図の場合と同様に，微地形区分により V_{S30} が推定され，簡便に表層地盤の増幅度が評価されている。

　地震動予測地図の結果や計算に用いられたデータはインターネット上で地震ハザードステーション (J-SHIS) により公開されている (藤原, 2011)。図 5.20 に J-SHIS のトップページを示す。確率論的地震動予測地図については，様々な形態で表現された地図やハザード曲線の

5.3 地震ハザードマップ

表 5.2 決定論的結果と確率論的結果の使い分けの例 (McGuire, 2001)

	決定論的 ←——————→ 確率論的		
防災対策	直後対応計画 復興計画	耐震設計レベル 耐震補強策	
地震環境	断層直近 高地震活動地域	低地震活動地域	
対象	地域危険度	ライフライン	特定構造物

データなどが表示できる。震源断層を特定した地震動予測地図については，地表での震度分布，工学的基盤における最大速度振幅分布や各メッシュでの速度波形などが表示できる。これらのデータをはじめ，計算の際に用いられた地震活動モデル，断層パラメータ，表層地盤の増幅率分布深部地下構造などのデータはダウンロードできる。

c) 利 用 例

上述の 2 種類の予測地図は目的などに応じて使い分けられるべきものである。表 5.2 は使い分けの一案 (McGuire, 2001) を示したものである。震源断層を特定した地震動予測地図は想定する地震を決定論的に評価していることから，決定論的予測地図とも呼ばれ，この表では，決定論的と表現されている。表の上段は防災対策の種類による使い分けを示したものである。直後対応計画にはシナリオ地震による決定論的地震動予測結果が具体的で使いやすく，一方，耐震設計で考慮すべき地震動レベルを決めるには，すべての地震やその発生確率を考慮していることから確率論的地震動予測結果がより適しているとしている。

表の中段は地震環境による使い分けを示したものである。活断層の直近など地震活動度の高い地域では決定論的地震動予測結果を用いるのがわかりやすく，地震活動度が低く対象とすべき地震を特定しにくい地域では確率論的地震動予測結果が有効であるとしている。表の下段は対象による使い分けを示したものである。ある特定の地点の地震危険度は一般には複数の地震が寄与しているので，確率論的地震動予測結果が必要とされるが，決定論的地震動予測結果によってチェックすることも適切であるとしている。ある一地点に対するシナリオ地震の影響は低いかもしれないが，広がりを持った地域全体に対しては影響が大きいであろうから，地域の地震危険度評価には決定論的地震動予測結果が有効であるとしている。ただし，これらの使い分けは 1 つの案であり，今後，関連の分野で議論や整理を続けるべきであろう。

建築物の性能設計を行う際の利用例として，図 5.21 に示すような耐震メニューも示されている (日本建築学会，2004)。この耐震メニューの使い方は，まず初めに，図 5.21(a) の右に位置する建築主が設計者との協議に基づき建物の安全レベルを設定する。この図では，安全レベルは地震動の発生頻度と許容される建物被害程度によって定義されている。地震動の発生頻度を考えているということは，建物の耐用年数中に発生するであろう地震動とか，めったに来ないかもしれない地震動，という地震動像に基づいて，確率論的な評価で地震動レベルを設定しようとする考え方である。発生頻度が高く相対的に弱い地震動に対しても被害を許容する場合には要求される安全レベルは低く，逆に頻度が低く相対的に強い地震動に対して小さな被害しか許容しない場合には高い安全レベルを要求していることになる。

94   5. 強震動の予測

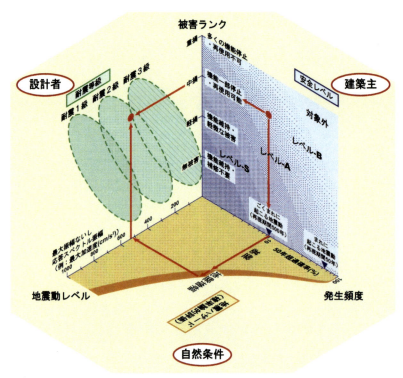

(a) 確率論的地震動評価を用いる場合

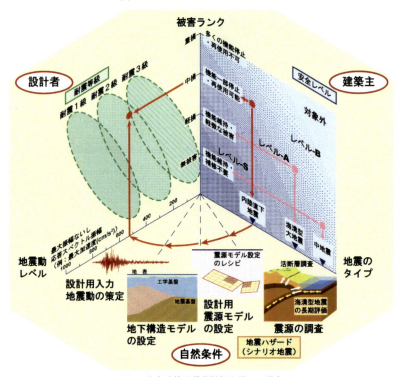

(b) 決定論的地震動評価を用いる場合

図 5.21　建築物の性能設計のための耐震メニューの例 (日本建築学会, 2004)

一方，建築主の要望として，直下地震とか関東地震の再来などのある地震像に対して許容される被害程度が指定される場合もあろう．この場合には，発生頻度の軸は地震像の軸となり，建築主の考える地震像からシナリオ地震を設定して，決定論的な評価により地震動レベルが設定されることになる．決定論的な評価を用いた場合を図 5.21(b) に示す．

　次に，図の下の自然条件の面を使い，計画地における地震ハザードを想定する．図 5.21(a) の確率論的な方法では，安全レベルの設定で決めた地震動の発生頻度に対応した地震動レベルをハザード曲線を用いて設定する．図 5.21(b) の決定論的な方法では，安全レベルの設定の際に想定した地震の地震像に基づき計画地の地震動レベルを設定する．地震動の評価方法については，設計者が建築主の要求に対応するために最も適切と考えられる方法の選択が必要であるが，地震動予測地図の結果を利用することが可能である．

　最後に，図の左に位置する設計者は，建築主が指定した許容される被害程度を定量化し，定量化された被害ランクと地震ハザードから決められた地震動レベルに応じて，その建物の耐震等級を決定する．定められた耐震等級を建築主に提示し，確認を得た上で設計を行う．このようなプロセスは性能設計の基本であり目新しいものではないが，地震動予測地図の結果を利用して，建築主による要求と設計者による設計が自然条件を介して結びつけられるという性能設計のプロセスをより明快に説明するものである．

　このように全国地震動予測地図は地震防災対策を進める上で有用なものである．ただし，その名が示すように，地震による危険度が全国でどのように分布し，どの程度のレベルなのかを概観することを主な目的としたもので，ベーシックマップとも位置づけることができる．一方，一般市民がこの地図を与えられた場合，虫眼鏡で拡大して自分の家の場所の震度をみようとするかもしれない．前述したように，この地図は 250 m メッシュ単位で計算されたもの

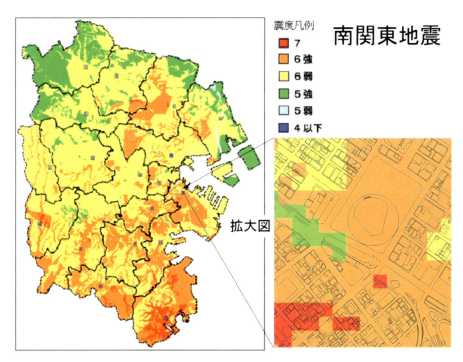

図 5.22　横浜市の細密震度マップ

であり，個々の敷地での揺れの大きさを判断するにはメッシュの大きさが粗い。そこで，このような一般市民の関心に答えるためには，地域の地盤データを多数保有している各自治体が実際の地盤データに基づいてより詳細な地図 (アドバンスドマップ) を作ることが望まれる。

横浜市は 50 m メッシュの細密な震度マップを作成し，市民に配布している。図 5.22 に南関東地震による震度分布図を示す。図の右側が拡大図で，建物や中央にある野球場の輪郭と比べるとメッシュの細かさが理解できる。このような狭い範囲でも地盤の違いにより予想震度は 5 強から 7 と大きく変化している。この震度マップの配布後，市が実施している無料耐震診断制度や耐震補強の助成金制度への応募件数は倍増したという成果もあげている (翠川，2002)。そこで，このような細密なマップを作成するための技術資料が作成され (内閣府，2005)，全国の 1,000 以上の市町村で作成されている (国土交通省，2017)。ただし，ほとんどの場合に微地形などに基づいた簡易な評価手法が用いられており，今後は各地域で地盤データを整備した上で，より精密なマップを作成することが望まれる。

文　　　献

1) 藤原広行：全国地震動予測地図の作成とデータ公開システムの開発, 日本地震工学会会誌, No.14, pp.19–21, 2011.
2) 地震調査研究推進本部：地震動予測地図報告書, 2006.
3) 地震調査研究推進本部：全国地震動予測地図技術報告書, 2009.
4) 地震調査研究推進本部：今後の地震動ハザード評価に関する検討〜2011 年・2012 年における検討結果〜, 2012.
5) 地震調査研究推進本部：全国地震動予測地図 2016 年版, 2016.
6) 地震調査研究推進本部：全国地震動予測地図 2017 年版, 2017.
7) 国土交通省：震度被害マップ公表状況地図, 国土交通省ハザードマップポータルサイト. http://disaportal.gsi.go.jp/bousailist/index.html?code=1 (2017/2/6 アクセス).
8) McGuire, R.: Deterministic vs. probabilistic earthquake hazards and risks, Soil Dynamics and Earthquake Engineering, Vol.21, pp.377–384, 2001.
9) 翠川三郎：地震調査研究推進本部と横浜市の地震マップについて, 地震に関するセミナー—地震マップの市民防災への活用—講演資料集, pp.3–10, 2002.
10) 翠川三郎・三浦弘之：長期間の震度データからみた地震ハザード, 地域安全学会梗概集, No.38, pp.163–166, 2016.
11) 内閣府：地震防災マップ作成技術資料, 143pp., 2005.
12) 日本建築学会：危険度・耐震安全性評価小委員会「耐震メニュー 2004」報告書, 53pp., 2004.

5.4　建築物の動的解析で用いられる設計用入力地震動

a) 2000 年建築基準法改正以前の入力地震動

いわゆる超高層建築物などでは時刻歴応答解析により耐震安全性を確認することが要求される。その際の建築物への入力地震動は，観測された強震記録などから設定されてきた。日本での超高層建築物の建設の動きは 1959 年の東京駅高層化計画 (24 階建) にさかのぼる (武藤，1977)。この計画は実現されなかったが，この計画で入力地震動についても検討され，東京駅での基盤での標準強震動を求めるための試みとして，1931 年西埼玉地震 (M_J6.9) の際に東大地震研で得られた記録から表層地盤の影響を取り除いて東京礫層での地震動を推定した地震動が示された (河角・嶋，1962)。この標準強震動とは，ある一定の広さの地域で耐震設計の標準として利用できる強震地動と定義され，後述のサイト波の考え方に通ずるもので

ある。

1963 年の建築基準法の改正により，31 m の高さ制限が撤廃され，高層建築物の建設が可能となった。この動きと並行して，日本建築学会では，高層建築技術要綱の作成を進め，高層建築技術指針をとりまとめた (日本建築学会，1964)。この中で入力地震動については，「高層建物をモデル化した振動系に加えるべき地震動の想定は，建物のモデル化と共に極めて重要な問題であるが，これは設計者の判断にまかされている。将来各種の支持地盤条件に応じた標準地震動のきめられることが期待されるが，いずれにしても支持地盤の震動特性が考慮されるべきであろう。現在解析に使用されることが考えられている地震波には，過去に得られた強震及び中震の記録か又はその振幅，周期特性を修正したものがあり，或いは又特定の人為的な地震波の提案もある。動的解析には考えられるいくつかの地震波を想定し，ある巾を考えて検討することが必要であろう。」とあり，入力地震動の選択方法や不確定性の考慮など現在でも議論されている問題が指摘されている。

1964 年に建設省 (当時) に高層建築物審査会が設置され，高層建築物の審査を個々に行って許可を与えることとなった (武藤，1977)。1968 年に完成したわが国で初めての超高層ビルである霞ヶ関ビル (36 階建) の耐震設計では，当時，地震動に関する知見が限られている状況の中で，入力地震動として 1940 年のエルセントロの観測記録 (3.1 節参照) そのものや東京 101 (2.1 節参照) および仙台 501(1962 年宮城県北部の地震 M_J6.5) の観測記録をエルセントロの最大加速度と同じ 330 gal に基準化したものが使われた (日本建築構造技術者協会，2003)。その後，1966 年に日本建築センターに高層建築物構造審査会 (後の高層建築物構造評定委員会) が設置され，ここで審査が行われるようになった。この審査では，中地震動 (レベル 1) に対して損傷しないこと，および大地震動 (レベル 2) に対して崩壊しないことが要求され，中地震動および大地震動の相場としてそれぞれ最大加速度で 250 gal および 500 gal が次第に用いられるようになった (石山，2004)。1970 年代から入力地震動のための模擬地震動の提案もみられ，例えば，日本で観測された地震記録の平均スペクトルをモデル化したものを満足するもの (平沢・他，1972) や敷地で観測された常時微動のスペクトルや位相を用いたもの (周東・他，1992) 等が提案されているが，実際の案件で用いられた事例は限られていた (井上，1987)。

地震動の最大加速度が同じでも地震波ごとに高層建築物の応答は大きく異なり，高層建築物の応答の観点から地震動の強さを評価する場合には最大速度で基準化する方が適切であることが指摘された (小林・長橋，1973)。1980 年頃には，この意見が評定委員会で次第に主流となり，中地震動および大地震動のレベルとして，東海地方より東では，それぞれ最大速度 25 cm/s および 50 cm/s が，関西以西では，それぞれ最大速度 20 cm/s および 40 cm/s が，用いられるようになった (斎藤，2004)。また，地震動波形の種類としては，標準的な地震動波形，地域特性を表すような地震動波形，および長周期成分等を含む地震動波形等を含めて合計 3 波以上を用いることが推奨されるようになった (日本建築センター高層建築物構造評定委員会，1986)。ここで，標準的な地震動波形，地域特性を表すような地震動波形，および長周期成分等を含む地震動波形の例として，それぞれ，1940 年のエルセントロの記録や 1952 年のタフトの記録，東京 101 や大阪・仙台での記録，および 1968 年の八戸港湾の記録 (3.1 節参照) があげられている。その結果，ほぼすべての案件で用いられた 1940 年のエルセントロの記録 (NS 成分) と 1952 年のタフトの記録 (EW 成分) に加えて，1975～1981 年の案件で

は，東京 101 の記録が約 6 割の案件で，1968 年の八戸港湾の記録は約 4 割の案件で用いられていたのが，1982～1994 年の案件では，東京 101 の記録が約 5 割の案件で，1968 年の八戸港湾の記録が約 8 割の案件で用いられるようになり，両者の割合が逆転した (斎藤，2004)。

　しかし，これら特定の観測記録だけを用いると，それらの記録のピーク周期を避けるような設計が行われるといった問題点があることから，より標準的な地震動についての検討が 1980 年代末から始まり (松島，2004)，1992 年に工学的基盤での設計用入力地震動が提案された (建設省建築研究所・日本建築センター，1992)。この検討では，歴史地震等に基づく確率論的地震動評価から，東京での 50 年期待値および 200～400 年期待値が計算され，この期待値に対応する地震の規模と震源距離がそれぞれ M7，40 km および M8，60～70 km と得られた。これらの M と距離を用いて，複数の距離減衰式から応答スペクトルを求め，これらを平準化してレベル 1 および 2 に対する工学的基盤での地震動スペクトルが設定された。レベル 2 の設定では，経験的グリーン関数法からの計算結果や関東地震の復元記録も参考にされている。この地震動スペクトルは，短周期で加速度応答スペクトルがほぼ一定，長周期で速度応答スペクトルが一定で，後述の告示スペクトルと形状はほぼ同一であるが，レベル 2 に対する振幅レベルは告示スペクトルより 2 割程度大きく，周期 0.6～10 秒の速度応答値 ($h = 0.05$) は 100 cm/s となっている。このスペクトルに適合する模擬地震動波形も与えられており，検討主体のひとつが日本建築センター (The Building Center of Japan) であったことから，BCJ 波とも呼ばれる。なお，水平動に対する上下動のスペクトル比も提案され，これを用いて上下動の設計用スペクトルも得ることができる。このスペクトル比は，周期 0.2 秒以上で 0.5，周期 0.1 秒以下で 0.8 前後の値となっており，震源近傍の記録を含む近年の強震データベースによる検討結果 (Bozorgnia and Campbell, 2017) とも整合している。

b) 2000 年建築基準法改正に伴う告示スペクトル

　2000 年の建築基準法改正で，入力地震動としては，建設省告示第 1461 号により規定されている応答スペクトルに適合する地震波 (通称，告示波) が基本となった。告示では，稀に発生する地震動 (レベル 1) および極めて稀に発生する地震動 (レベル 2) の 2 段階に対して，表 5.3 に示す工学的基盤での応答スペクトル ($h = 0.05$) が規定されている。工学的基盤は，地下深所にあって十分な層厚と剛性を有し，せん断波速度で約 400 m/s 以上の地盤と定義されている。この表で，Z は地域係数で，東京，名古屋，大阪などで 1.0，札幌，新潟などで 0.9，福岡，長崎などで 0.8，沖縄で 0.7 の値をとる。レベル 2 の地震動は，レベル 1 の地震動の 5 倍で，その加速度応答値は，周期 0.16～0.64 秒で 800 cm/s^2，周期 0.64 秒以上では周期の逆数に比例して減少する。すなわち，周期 0.64 秒以上では疑似速度応答値は 81.5 cm/s で一定の値をとる。このレベルの設定根拠は，1981 年に改正された建築基準法での振動特性係数であり，さらには関東地震での東京下町の震度 0.3 にさかのぼることができる (加藤，2002；

表 5.3　建設省告示第 1461 号に規定された工学的基盤での加速度応答スペクトル

周期 T（秒）	加速度応答スペクトル（単位　メートル毎秒毎秒）	
	稀に発生する地震動（レベル 1）	極めて稀に発生する地震動（レベル 2）
T<0.16	(0.64+6T) Z	(3.2+30T) Z
0.16≦T<0.64	1.6Z	8Z
0.64≦T	(1.024/T) Z	(5.12/T) Z

T：建築物の 1 次固有周期（単位　秒），Z：地震地域係数

長橋,2004)。

　地表での入力地震動を策定するため,まず,工学的基盤でのスペクトルに適合する模擬地震動波形がランダム位相や観測波の位相を用いて作成される。工学的基盤での最大加速度および最大速度は,用いた位相にもよるが,それぞれ350〜400 cm/s^{2}程度および40〜50 cm/s程度の値を示す場合が多い。地表での地震動は工学的基盤での地震動に表層地盤の増幅を考慮して設定される。工学的基盤以浅の表層地盤の増幅を考慮する際の地盤応答解析手法としては,等価線形化解析がよく用いられる。しかし,地盤のひずみレベルが10^{-3}程度以上になると,等価線形化解析の適用範囲を超えることから,逐次非線形解析が用いられる場合が多い。

　告示で定められた極めて稀に発生する地震動の工学的基盤での疑似速度応答スペクトル(地域係数1.0の場合)を図5.23の太い実線で示す。前述のように,短周期では速度応答値は周期とともに単調増加し,周期0.64秒以上で速度応答値は81.5 cm/sで一定となる。これに表層地盤の増幅を考慮すると,一般的にはスペクトルは1.5〜2倍程度になり,地表での入力地震動はピーク周期での速度応答値で150 cm/s前後となり,震度6弱と6強の間の強さに相当するものとなる場合が多い。一方,図の細線で示す兵庫県南部地震の震度7の記録(鷹取)や東北地方太平洋沖地震の震度6強の記録(仙台市七郷中,栗原市若柳,川崎町)はピーク周期では200〜400 cm/sの速度応答値を示す。これらに比べれば,告示でのレベル2の地震動はそれほど大きなものではない。

　高層建築物の審査は,2000年の建築基準法改正とほぼ同時期に,日本建築センターのみならず他の指定性能評価機関でも行われるようになった。実際の審査では,各機関の性能評価のための業務方法書に従って行われ,告示スペクトルに適合する模擬地震動波形(告示波)を3波以上用いること,サイト波を適切に作成した場合には告示波に替えて用いることができることに加えて,これら作成された地震波が適切なものであることを確かめるために適切に選択された観測地震波を3波以上用いることが求められている。観測地震波はその最大速度振幅を25 cm/s,50 cm/sとしたものをそれぞれ稀に発生する地震動,極めて稀に発生する地震動とし,この値に地域係数zを乗じた値とすることができるとされている。したがって,

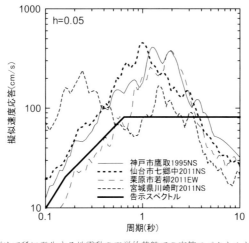

図 5.23 極めて稀に発生する地震動の工学的基盤での応答スペクトルと既往の強震記録の比較

2000年の建築基準法改正以降も入力地震動として観測地震動が併用されている。

c) サイト波

建設地点に大きな影響を及ぼす地震はそれぞれ場所ごとに異なる。そこで，前述の2000年の建設省告示第1461号の中でも，告示波という一律の入力地震動だけでなく，「敷地周辺における断層，震源からの距離その他地震動に対する影響及び建築物への効果を適切に考慮して定められた地震動(サイト波)を用いることができる」と記載され，積極的な表現ではないものの，サイト波の採用が推奨されている。サイト波の必要性は以前から指摘されていた(例えば，小林，1974；田治見，1983；青柳・寺本，1983)。1990年代に入ると，複数の手法により地震動の予測を行い，それに基づく設計用入力地震動の設定に向けた検討もなされた(日本建築学会，1992)。また，東京臨海部や横浜での大規模建築群の建設計画に伴い，サイト波の検討が組織的になされた(日本建築防災協会，1992；横浜市建築局，1991)。東京臨海部の場合には，1923年関東地震や1854年安政江戸地震の再来および東海地震を想定し，震源断層の拡がりを考慮した経験的方法や経験的グリーン関数法，理論的方法による計算結果と関東地震の復元記録を比較し，南関東地震での平準化したスペクトルを工学的基盤での基準地震動スペクトルとしている。その速度応答値($h = 0.05$)は周期0.6～2秒で100 cm/sである。横浜の場合も，M8級の南関東地震，M7級の東京および横浜直下地震および東海地震を想定し，震源断層の拡がりを考慮した経験的方法や経験的グリーン関数法による計算結果を比較し，南関東地震での平準化したスペクトルを工学的基盤での基準地震動スペクトルとしている。その速度応答値は周期0.6～3秒で120 cm/sである。

1995年には兵庫県南部地震で直下地震による激震動の洗礼を受け，サイト波の重要性が強く認識された。この地震後，大阪市では，耐震設計の指針を検討する一環として，検討用地震動が策定された(大阪市，1997)。この地震動の策定では，上町断層帯などの活断層による地震と南海トラフのプレート境界地震が想定され，ハイブリッド手法と表層地盤の等価線形解析により大阪市域の各地点での地震動が計算された。上町断層帯の地震による計算結果から東側ゾーンと西側ゾーンに対して設計用応答スペクトルが設定された。東側ゾーンでは，予測地震動が従来の設計で用いられているものに比べて過大なために予測結果の1/2程度に振幅調整し(林，2015)，その速度応答値($h = 0.05$)は2種地盤で周期1～1.3秒で188 cm/s，周期1.6秒以上で150 cm/sである。

名古屋市でも，三の丸地区で，国土交通省中部地方整備局，愛知県，名古屋市の3者が各庁舎の免震構造化を含む耐震改修をほぼ同時期に計画し，そのために用いる設計用入力地震動の検討が行われた(宮越・他，2004)。東南海・東海地震や活断層による地震など複数の想定地震に対して経験的グリーン関数法により地震動が計算された。東南海・東海地震に対する地震動は，周期3秒付近で速度応答値が200 cm/sを越える大きな振幅のもので，三の丸波とも呼ばれ，建築物の耐震設計での長周期入力地震動の先駆のひとつとなった。

上述のサイト波の検討は行政主導によるものであるが，民間レベルでも組織的にサイト波を検討する動きは進んでいる。愛知県設計用入力地震動研究協議会では，建設会社や設計事務所等から会員を募り，1999年より名古屋市を対象とした設計用地震動の策定を始めた(福和・他，2001)。2002年に東南海・東海地震や活断層による地震を想定して，ハイブリッド手法により名古屋市内9地点での地震動を計算し，2004年には計算地点を市内121地点およ

び周辺の 37 地点に拡大している。さらに，南海トラフ巨大地震を想定した複数の断層シナリオに対して，経験的グリーン関数法により，名古屋市のみならず三重県津市や静岡県浜松市を含む広い地域でのサイト波を評価している (児玉・他, 2014)。

同様の試みとして，2009 年に日本建築構造技術者協会関西支部が事務局となり「大阪府域内陸直下地震に対する建築設計用地震動および設計法に関する研究会 (大震研)」を立ち上げた。この研究会では，大阪市を南北に走る上町断層帯による地震のサイト波とそれに対する設計法を提案している (多賀・他, 2011)。上町断層帯による地震については，35 ケースの断層破壊シナリオを設定した断層モデルから地表の地震動を計算している。これらの内で，平均的な地震動レベルのもの，全体の 70%程度を含んだ地震動レベル (平均値＋ 1/2 標準偏差) のもの，および全体の 85%程度を含んだ地震動レベル (平均値＋標準偏差) のものを，それぞれレベル 3A，3B，および 3C と定義している。断層からの距離や地盤条件に応じて大阪府を 32 ゾーンに分割し，各ゾーンについて 3 つのレベルごとに，スペクトルが比較的平坦なフラットタイプ地震動とある特定の周期でスペクトルが卓越するパルスタイプ地震動を設定している。断層に近い軟弱地盤上の A4 ゾーンでのフラットタイプ地震動の速度応答値 (周期 0.7〜5 秒) は，レベル 3A，3B および 3C で，それぞれ 130 cm/s，170 cm/s および 220 cm/s と大きな値となっている。このような地震動は海洋型地震に比べて発生確率が低いことから，これらの地震動に対して高層建築物等に対する一般的な耐震性能目標よりも踏み込んだ状態に至ることを許容して設計することも提案している。

上述の東京臨海部，横浜市，愛知県，大阪府での事例は，組織的に地域のサイト波を策定する試みであるが，設計案件ごとにサイト波が検討される事例も 2000 年以降増えている。これは，2000 年の建設省告示第 1461 号でサイト波の採用が記載されたことや強震動の予測手法の進歩に加えて，地震調査研究推進本部等から，大地震の断層パラメータ，地下構造データ，K-NET による強震データなどの地震ハザード情報が積極的に発信され，サイト波作成のための基礎データが整備されてきたことにもよる。2001〜2003 年の高層建築物構造評定委員会での高層建築物および免震建築物では 40%の設計例で (長橋, 2004)，2009〜2012 年の免震建築物では 50%以上の設計例で (翠川, 2014)，サイト波が採用されている。サイト波作成の際に想定された地震としては，東京周辺では関東地震，名古屋周辺では東海・東南海地震，大阪周辺では東南海・南海地震や上町断層による地震が考慮されている場合が多い (翠川, 2014)。

サイト波の策定のフローの一例を図 5.24 に示す。まず，活断層データや過去に被害を及ぼした地震，現在の地震活動などを調査し，震源の規模や位置，発生頻度などを考慮して，建設地点に大きな影響を及ぼす可能性のある地震を選択する。選択された地震に対して建設地での地震動の強さを距離減衰式などの簡便な方法で概略的に計算し，耐震設計上考慮する必要があるかどうかを判断する。判断の基準として，告示スペクトルとの比較がある。考慮する必要があると判断された地震について，断層モデルによる地震動を計算する。計算手法としては，5.1 節で述べた半経験的方法やハイブリッド手法などがある。

これら断層モデルによる計算では設定すべきパラメータが多く，これらのパラメータの設定によって計算結果は大きく変動する。そこで，計算結果が過去の観測事実と整合的であることを確認しておくことも必要である。そのため，観測記録に基づいて作成された距離減衰式等により評価された地震動強さとの比較が行われる場合が多い。計算結果が大きく外れる

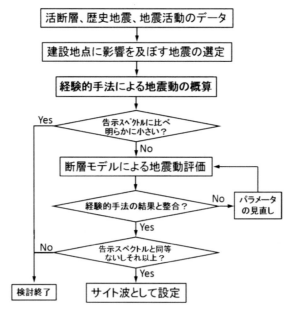

図 5.24 サイト波の策定フローの例

ようであれば，その原因を吟味し，必要となればパラメータを見直して再度計算することになる．地震調査研究推進本部では，前述のように，ハイブリッド手法により主要な活断層による地震動を工学的基盤で評価し，これらの波形を地震ハザードステーション JSHIS で公開している．サイト波作成フローで選択された地震がこれらの活断層によるものであれば，この結果を利用することもできる．なお，サイト波策定の詳細については，日本建築学会 (2009) や日本免震構造協会 (2014) のガイドブックを参照されたい．

d) 長周期地震動

前述のサイト波は原則的には設計者の判断により入力地震動として検討されるが，2017 年 4 月より長周期地震動については特定の地域では耐震設計の際に検討することが国交省によって指示され，観測波と同様な位置付けで，極めて稀に発生する地震動として長周期地震動を 1 波以上用いることとされた (国土交通省，2016)．

長周期地震動の問題は，2003 年十勝沖地震で大型石油タンクがスロッシングによる火災を生じたことから，巨大地震により堆積盆地上で発生する長周期地震動が超高層ビルなどの長周期構造物に及ぼす影響が懸念されたことが契機である．これを受けて，土木学会と日本建築学会の共同により巨大地震対応共同研究連絡会が 2004 年に設立された．内閣府からの研究委託を受け，この連絡会の地震動部会では，長周期地震動の特徴，計算手法や計算に必要な情報を整理し，計算結果の検証を行った上で，理論的手法や半経験的手法による予測地震動が提示され，計算結果の不確定性についても検討された (岩田，2006)．

これらの成果を受けて，2006 年に土木学会と日本建築学会から共同提言がなされ (土木学会・日本建築学会，2006)，長周期地震動については，震源およびサイトによる特徴的な卓越周期と長い震動継続時間を持つという特徴を考慮した入力地震動を用いるべきこと，地震動の推定には震源モデルおよび伝播経路・サイトのモデルパラメータの不確定性によるバラツキが含まれ，このバラツキを考慮した評価が必要であること等が指摘された．2007 年度から

2010 年度にかけて，内閣府からの研究委託を受けて，日本建築学会で長周期地震動の検討がさらに進められ，破壊開始点や破壊伝播速度を変化させた計算を行い，得られたスペクトルを台形状のスペクトルで近似した結果も示された (吉村，2013)。地震調査研究推進本部も，2007 年度から理論的手法による長周期地震動の予測に着手し，2009 年および 2012 年には，想定東海地震，東南海地震，宮城県沖地震および南海地震を想定した長周期地震動予測地図試作版を，2016 年には相模トラフ巨大地震の長周期地震動評価結果をそれぞれ公表している (地震調査研究推進本部，2009；同，2012；同，2016)。

　一方，国土交通省では，2008 年より，建築基準整備促進事業を活用し，長周期地震動を考慮した設計用地震動の作成手法の検討を開始した (大川・他，2010)。前述の土木学会と日本建築学会の検討で用いられた理論的手法や半経験的手法では多くのパラメータ設定が必要である。そこで，経験的手法では簡便に予測可能で，実務に用いるという観点から有用と考えられることから，応答スペクトルと位相スペクトルの経験式に基づいて長周期地震動を作成する方法が提案された。また，この手法で計算された想定巨大地震に対する予測波が理論的手法による既往の予測波と整合していることも確認された (佐藤・他，2010)。

　この検討を踏まえて，2010 年に国土交通省から超高層建築物等における長周期地震動への対策試案が示された (国土交通省，2010)。これは，想定東海地震，東南海地震，宮城県沖地震の 3 地震による長周期地震動を考慮した設計用地震動による構造計算を求めるとともに，家具等の転倒防止対策に対する設計上の措置について説明を求めるものである。その後，2011 年に東北地方太平洋沖地震が発生し，南海トラフの連動型地震を想定した見直しがなされることとなった。南海トラフ巨大地震の震源モデルやそれによる長周期地震動の検討が内閣府に設置された検討会で行われた (南海トラフの巨大地震モデル検討会，2015)。また，経験式に基づく長周期地震動作成手法の改良も行われた (佐藤・他，2012)。

　これらを踏まえて，国土交通省 (2016) は，南海トラフ沿いで約 100〜150 年の間隔で発生しているとされる M8〜9 クラスの地震を対象として，前述の経験式に基づく改良法により長周期地震動を計算した。計算されたスペクトルを建築物の設計用に平準化を行って，長周期地震動を考慮すべき対象区域や長周期地震動の大きさを決定した。対象区域は関東地方，静岡地方，中部地方，近畿地方に分布し，これらの対象区域での超高層建築物等に対して長周期地震動による検討を求め，2017 年 4 月から運用されている。各地域での設計用長周期地震動の応答スペクトルと地震波が与えられているが，適切と認められる方法で作成された長周期地震動を用いることもできるとしている。

　図 5.25 に設計用長周期地震動の区域と設計用応答スペクトルを示す。この設計用応答スペクトルは安政東海地震モデル ($M_w 8.6$) および宝永地震モデル ($M_w 8.9$) に対して計算されたスペクトルを平準化したものである。青色の区域が，設計時に構造計算に用いた地震動の大きさを上回る可能性が非常に高い区域で，赤の区域が可能性の高い区域，緑の区域が可能性のある地域である。図下部に示したスペクトルのうち，黒線が従来の告示スペクトルであり，青線で示した青の区域の設計用長周期地震動のスペクトルは周期によっては告示スペクトルの 2 倍となっている。

e) 設計用入力地震動の変遷

　以上述べてきた高層建築物等に用いられる設計用入力地震動の変遷を図 5.26 にまとめて示

104   5. 強震動の予測

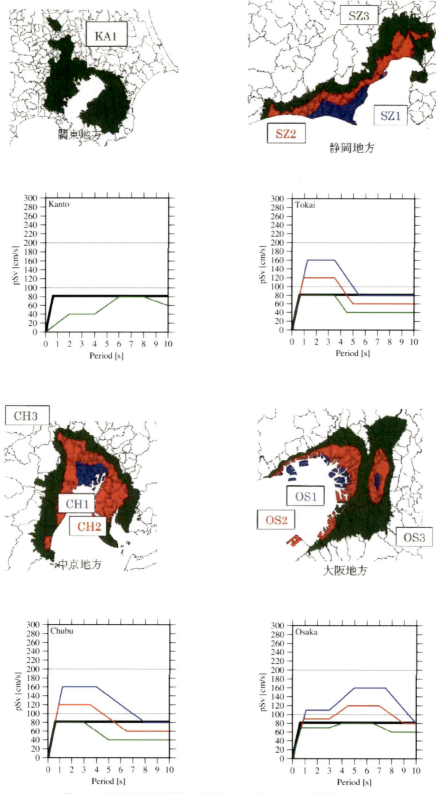

図 5.25　設計用長周期地震動の区域分けとスペクトル (国土交通省, 2016)

す．当初は観測記録を用いるのが主流で，例えば，1968年に完成した霞ヶ関ビルの耐震設計ではエルセントロの観測記録がそのまま用いられていた．その後，最大加速度で振幅調整した観測記録が用いられた．1980年代以降は，最大速度での振幅調整が主流になり，1980年代後半には最大速度で振幅調整された3波以上の観測波を用いることが推奨された．観測波だけでなく，より一般的な特性を持つ模擬地震動も用いられる場合があったが，その事例は限られていた．1990年代に標準波の提案として，建設省建築研究所と日本建築センターから工学的基盤での設計用地震動応答スペクトルが示され，これに適合する地震波(BCJ波)が用いられる場合もみられた．2000年には建築基準法告示で標準的な入力地震動(告示波)が定められた．

サイト波に関しては，1990年代に東京臨海部や横浜市，大阪市を対象とした地域波の検討が経験的手法や半経験的手法により行われ，計算結果を平準化したスペクトルが設計用として提案された．2000年建築基準法改正以降は個別の案件で検討される事例が増えた．また，平準化したスペクトルに適合する地震波でなく，地震動予測手法により計算された地震動波形そのものが入力地震動として用いられるようになった．2011年東北地方太平洋沖地震等の影響により，想定地震の断層パラメータの設定には不確定性が大きいことが強く認識され，複数の断層シナリオに想定した計算が行われ，予測地震動のバラツキを考慮する場合もみられるようになった．2017年からは特定の地域では巨大地震による長周期地震動を考慮することが求められるようになった．

このように，高層建築物の設計用入力地震動としては，観測記録だけでなく，強震動の予測結果を平準化したスペクトルに適合する模擬地震動が使われるようになり，さらに，計算された波形そのものが使われるようになり，強震動予測手法の進展とともに，地震動予測の結果がより直接的に設計用入力地震動の設定に利用されるようになってきている．

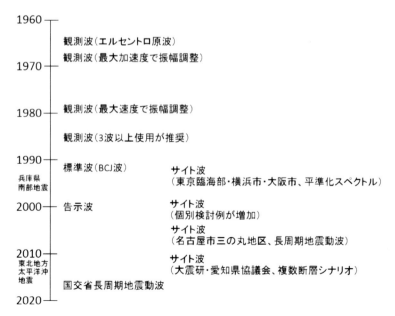

図 5.26　高層建築物の設計用入力地震動の変遷

文　　　献

1) 青柳　司・寺本隆幸：建築構造設計の分野から，第 11 回地盤震動シンポジウム資料集，pp.49–56，1983.

2) Bozorgnia, Y. and K. Campbell: NGA-West2 Ground Motion Model for V/H Response Spectra, Proc. 16th World Conference on Earthquake, Paper No.4228, 2017.

3) 土木学会・日本建築学会：海溝型巨大地震による長周期地震動と土木・建築構造物の耐震性向上に関する共同提言，51pp.，2006.

4) 福和伸夫・他：愛知県名古屋市を対象とした設計用地震動の策定 その 1 全体計画概要，日本建築学会大会学術講演梗概集，Vol.B2，pp.81–82，2001.

5) 林　康裕：上町断層帯地震に対する建築設計用地震動，日本地震工学会誌，No.24，pp.8–11，2015.

6) 平沢光春・鈴木敏夫・鈴木　哲・政尾　了：確率論的手法による入力地震動，日本建築学会大会学術講演梗概集，Vol.B，pp.557–558，1972.

7) 井上　豊：動的解析を用いた耐震設計の具体例　高層建築物，地震荷重－その現状と将来の展望，pp.354–378，1987.

8) 石山祐二：耐震設計と入力地震動の考え方の変遷，建築防災，2004.12，pp.2–6，2004.

9) 岩田知孝：地震動部会活動経過報告，海溝型巨大地震を考える－広帯域強震動の予測 2 －シンポジウム論文集，p.3，2006.

10) 地震調査研究推進本部：「長周期地震動予測地図」2009 年度試作版．http://www.jishin.go.jp/evaluation/seismic_hazard_map/lpshm/09_choshuki/，2009.（2017/2/6 アクセス）

11) 地震調査研究推進本部：「長周期地震動予測地図」2012 年度試作版．http://www.jishin.go.jp/evaluation/seismic_hazard_map/lpshm/12_choshuki/，2012.（2017/2/6 アクセス）

12) 地震調査研究推進本部：「長周期地震動予測地図」2016 年度試作版．http://www.jishin.go.jp/evaluation/seismic_hazard_map/lpshm/16_choshuki/，2016.（2017/2/6 アクセス）

13) 加藤研一：改正建築基準法に至る地震外力の考え方－設計適用の観点から見た現状と課題－，第 30 回地盤震動シンポジウム資料集，pp.13–23，2002.

14) 河角　広・嶋　悦三：標準強震地動について，地震工学国内シンポジウム (1962) 講演集，pp.13–20，1962.

15) 建設省建築研究所・日本建築センター：設計用入力地震動作成手法技術指針 (案) 本文解説編，73pp.，1992.

16) 小林啓美：設計震度の決め方と問題点，建築雑誌，No.1082，pp.593–595，1974.

17) 小林啓美・長橋純男：重層建築物の耐震設計を対象とした地震動の強さを評価する簡便な尺度としての地震動最大振幅，日本建築学会論文報告集，第 210 号，pp.11–22，1973.

18) 児玉文香・他：東海地域における南海トラフ巨大地震に対する設計用入力地震動の検討 その 1 愛知県設計用入力地震動研究協議会の取組概要，日本建築学会大会学術講演梗概集，Vol.B2，pp.331–332，2014.

19) 国土交通省：超高層建築物等における長周期地震動への対策試案について，2010.

20) 国土交通省：超高層建築物等における南海トラフ沿いの巨大地震による長周期地震動対策について．www.mlit.go.jp/common/001136168.pdf，2016.（2017/2/6 アクセス）

21) 松島　豊：日本建築センターの模擬地震動，建築防災，No.2004.12，pp.7–10，2004.

22) 翠川三郎：入力地震動，性能評価を踏まえた免震・制振構造の設計，pp.197–221，2014.

23) 宮越淳一・他：名古屋市三の丸地区における耐震改修用の基盤地震動の作成，日本地震工学会・大会－2004 梗概集，pp.394–395，2004.

24) 武藤　清：日本における耐震設計のあゆみ，構造物の動的設計，pp.1–5，1977.

25) 長橋純男：地震荷重の変遷と展開　その 7：建築構造物　戦後半世紀における耐震構造の展開，震災予防，No.197，pp.20–28，2004.

26) 南海トラフの巨大地震モデル検討会：南海トラフ沿いの巨大地震による長周期地震動に関する報告，39pp.，2015.

27) 日本建築防災協会：臨海部における大規模建築群の総合的な構造安全性に関する調査・検討　動的設計用入力地震動の設定に関する検討報告書，187pp.，1992.

28) 日本建築学会：高層建築技術指針，37pp.，1964.

29) 日本建築学会：地震荷重－地震動の予測と建築物の応答，240pp.，1992.

30) 日本建築学会：最新の地盤震動研究を活かした強震波形の作成法，163pp.，2009.

31) 日本建築構造技術者協会：霞ヶ関ビルディング，日本の構造技術を変えた建築 100 選，pp.100–103，2003.

32) 日本建築センター高層建築物構造評定委員会：高層建築物の動的解析用地震動について，ビルディング

レター，'86.6，pp.49–50，1986.

33) 日本免震構造協会：免震建築物のための設計用入力地震動作成ガイドライン，2014.

34) 大川　出・他：長周期地震動に対する超高層建築物等の安全対策に関する検討，建築研究資料，No.127，453pp.，2010.

35) 大阪市：市設建築物の耐震計画技術指針，192pp.，1997.

36) 斎藤幸雄：設計者からみた入力地震動，2004 年度日本建築学会大会構造部門 (振動) パネルディスカッション資料「強震動予測と設計用地震動」，pp.50–61，2004.

37) 佐藤智美・大川　出・西川孝夫・佐藤俊明・関　松太郎：応答スペクトルと位相スペクトルの経験式に基づく想定地震に対する長周期時刻歴波形の作成，日本建築学会構造系論文集，No.649，pp.521–530，2010.

38) 佐藤智美・大川　出・西川孝夫・佐藤俊明：長周期地震動の経験式の改良と 2011 年東北地方太平洋沖地震の長周期地震動シミュレーション，日本地震工学会論文集，Vol.12，No,4，pp.354–373，2012.

39) 周東修平・長尾直治・世良耕作・西川孝夫：常時微動による耐震設計用入力地震動の作成，日本建築学会大会学術講演梗概集，Vol.B，pp.353–354，1992.

40) 多賀謙蔵・他：上町断層帯地震に対する建築設計用地震動および設計法に関する研究，平成 23 年度日本建築学会近畿支部研究発表会梗概集，pp.2001.1–2001.4，2011.

41) 田治見　宏：設計用地震力の諸問題，建築雑誌，No.1207，pp.36–41，1983.

42) 横浜市建築局：横浜市高層建築物耐震指導基準地震波策定調査報告書，152pp.，1991.

43) 吉村智昭：大都市圏でみられる長周期地震動の卓越周期とそのモデル化，長周期地震動と超高層建物の対応策－専門家として知っておきたいこと－，日本建築学会，pp.79–83，2013.

索　引

英　字

BCJ 波　98, 105
K-NET　19, 23, 26, 28, 78, 101
KiK-net　19, 20, 28
S 波速度　30, 32, 37, 47, 60, 69–71, 85, 92

あ　行

アナログ式強震計　22

岩手・宮城内陸地震 (2008 年)　48, 55
インド・アッサム地震 (1897 年)　11, 12
インペリアルバレー地震 (1940 年)　31
インペリアルバレー地震 (1979 年)　39, 63

上町断層帯　101
上盤効果　63, 82, 84

エルセントロ　18, 31, 39, 97, 105

応答スペクトル　3, 61, 98, 99, 103

か　行

改正メルカリ震度階　1, 2
確率論的地震動予測地図　87, 89, 92, 93
関東地震 (1923 年)　11, 98, 100, 101

気象庁震度階　1, 2
北丹後地震 (1927 年)　12
強震アレイ　39
強震観測　18, 19, 27, 78
強震記録　18, 23, 27, 30–54, 77, 78, 82
強震計　18, 19, 22–26, 46
強震動予測　76
距離減衰式　40, 78–82, 85, 86, 89
距離減衰式のバラツキ　81, 82, 86

熊本地震 (2016 年)　52, 58

経験的手法　76, 77, 86

継続時間　3, 62
計測震度　2

工学的基盤　60, 89, 92, 98–100
高層建築物　97
告示波　98, 99, 105

さ　行

サイスモスコープ　22, 34
最大加速度　2, 3, 11, 18, 30–34, 37, 39, 45–58,
　　78–81, 97
最大速度　3, 30, 40–44, 47, 50, 52, 54, 57–59, 80,
　　81, 89, 97, 105
最大変位　3
サイト波　96, 99–102, 105
サンフェルナンド地震 (1971 年)　18, 37

地震基盤　60, 92
地震規模　54, 57–59, 61, 62, 78, 79, 82, 83, 87
地震波の減衰　63, 64
地盤増幅の非線形性　84
地盤特性　60, 66, 71, 82
地盤の増幅度　69–71, 89, 92
地盤の平均 S 波速度　69–71
震源断層を特定した地震動予測地図　87, 91, 93
震源特性　60, 82
震災の帯　7, 43
震度階　1, 2
震度計　20
震度 7　6, 7, 9, 10, 16, 43, 47, 52
震度分布　7

数値化　25–27, 38, 39

性能設計　93, 95
全国地震動予測地図　87, 95

た　行

大加速度記録　54, 59
大速度記録　54, 59
台湾集集地震 (1999 年)　44, 58

卓越周期　67, 71
断層破壊伝播効果　63, 82, 83
断層面最短距離　64, 79
断層モデル　34, 40, 61, 101
単体の転倒　10, 11

長周期地震動　72, 74, 102, 103, 105
跳躍現象　14, 16

ディレクティビティ効果　63
デジタル式強震計　23, 26
伝播特性　60, 63, 82

東北地方太平洋沖地震 (2011 年)　14, 50, 54, 99
十勝沖地震 (1968 年)　19, 35
十勝沖地震 (2003 年)　102

な 行

長野県西部地震 (1984 年)　12
南海トラフ巨大地震　101, 103

新潟県中越地震 (2004 年)　12, 47
新潟地震 (1964 年)　19
入力地震動　96–99, 103

濃尾地震 (1891 年)　12
ノースリッジ地震 (1994 年)　41, 63

は 行

ハイブリッド手法　77, 91, 100–102
パークフィールド地震 (1966 年)　34
パークフィールド地震 (2004 年)　45
パコイマダム　37, 42
八戸港湾　35, 37, 97, 98
半経験的手法　76, 77, 101, 102

兵庫県南部地震 (1995 年)　5, 12, 19, 43, 63, 99
表層地盤　66, 69
表面波　72–74

福井地震 (1948 年)　4, 19

ら 行

理論的手法　76, 77, 86, 102

ロングビーチ地震 (1933 年)　18, 30

著者略歴

翠川三郎（みどりかわ・さぶろう）

1953 年　東京都に生まれる
1980 年　東京工業大学大学院総合理工学研究科博士課程修了
現　在　東京工業大学 環境・社会理工学院 建築学系・教授
　　　　工学博士

強　震　動
──観測記録とその特性──　　　　　　　　　　定価は表紙に表示

2018 年 2 月 20 日　　初版第 1 刷
2018 年 6 月 25 日　　　第 2 刷

著　者　翠　川　三　郎
発行者　朝　倉　誠　造
発行所　株式会社　朝　倉　書　店

東京都新宿区新小川町 6-29
郵 便 番 号　　162-8707
電　話　　03 (3260) 0141
Ｆ Ａ Ｘ　　03 (3260) 0180
http://www.asakura.co.jp

〈検印省略〉

ⓒ2018〈無断複写・転載を禁ず〉　印刷・製本 デジタル パブリッシング サービス

ISBN 978-4-254-26648-1　C 3052　　　　Printed in Japan

JCOPY ＜（社）出版者著作権管理機構 委託出版物＞

本書の無断複写は著作権法上での例外を除き禁じられています．複写される場合は，
そのつど事前に，（社）出版者著作権管理機構（電話 03-3513-6969，FAX 03-3513-
6979，e-mail: info@jcopy.or.jp）の許諾を得てください．

東工大 翠川三郎編
シリーズ〈都市地震工学〉8

都市震災マネジメント

26528-6 C3351　　　　B5判 160頁 本体3800円

都市の震災による損失を最小限に防ぐために必要な方策をハード，ソフトの両面から具体的に解説〔内容〕費用便益分析にもとづく防災投資評価／構造物の耐震設計戦略／リアルタイム地震防災情報システム／地震防災教育の現状・課題・実践例

東工大 林　静雄編
シリーズ〈都市地震工学〉4

都 市 構 造 物 の 耐 震 性

26524-8 C3351　　　　B5判 104頁 本体3200円

都市を構成する構造物の耐震性を部材別に豊富な事例で詳説〔内容〕鋼構造物（地震被害例／耐震性能他）／鉄骨造建築（地震被害例／耐震性能）／鉄筋コンクリート造建築（歴史／特徴／耐震設計概念他）／木質構造物（接合部の力学的挙動他）

東工大 二羽淳一郎編
シリーズ〈都市地震工学〉5

都市構造物の耐震補強技術

26525-5 C3351　　　　B5判 128頁 本体3200円

建築・土木構造物の耐震補強技術を部材別に豊富な事例で詳説〔内容〕地盤構造（グラウンドアンカー工法／補強土工法／基礎補強他）／RC土木構造（構造部材の補強／部材増設での補強他）／RC建築構造（歴史／特徴／建築被害と基準法他）

東工大 竹内　徹編
シリーズ〈都市地震工学〉6

都市構造物の損害低減技術

26526-2 C3351　　　　B5判 128頁 本体3200円

都市を構成する建築物・橋梁等が大地震に遭遇する際の損害を最小限に留める最新技術を解説。〔内容〕免震構造（モデル化／応答評価他）／制震構造（原理と多質点振動／制震部材／一質点系応答他）／耐震メンテナンス（鋼材の性能／疲労補修他）

前東大 大野隆造編
シリーズ〈都市地震工学〉7

地 震 と 人 間

26527-9 C3351　　　　B5判 128頁 本体3200円

都市の震災時に現れる様々な人間行動を分析し，被害を最小化するための予防対策を考察。〔内容〕震災の歴史的・地理的考察／特性と要因／情報とシステム／人間行動／リスク認知とコミュニケーション／安全対策／報道／地震時火災と避難行動

東工大 平田　直・東大 佐竹健治・東大 目黒公郎・
前東大 畑村洋太郎著

巨 大 地 震 ・ 巨 大 津 波
—東日本大震災の検証—

10252-9 C3040　　　　A5判 212頁 本体2600円

2011年3月11日に発生した超巨大地震・津波を，現在の科学はどこまで検証できるのだろうか。今後の防災・復旧・復興を願いつつ，関連研究者が地震・津波を中心に，現在の科学と技術の可能性と限界も含めて，正確に・平易に・正直に述べる。

日本免震構造協会編

設計者の ため の 免震・制震構造ハンドブック

26642-9 C3052　　　　B5判 312頁 本体7400円

2012年に東京スカイツリーが完成し，大都市圏ではビルの高層化・大型化が加速度的に進んでいる。このような状況の中，地震が多い日本においては，高層建築物には耐震だけでなく，免震や制震の技術が今後ますます必要かつ重要になってくるのは明らかである。本書は，建築の設計に携わる方々のために「免震と制震技術」について，共通編，免震編，制震編に分け必要事項を網羅し，図や写真を豊富に用いてわかりやすく，実際的にまとめた。各種特性も多数収載。

前気象庁 新田　尚監修　気象予報士会 酒井重典・
前気象庁 鈴木和史・前気象庁 饒村　曜編

気 象 災 害 の 事 典
—日本の四季と猛威・防災—

16127-4 C3544　　　　A5判 576頁 本体12000円

日本の気象災害現象について，四季ごとに追ってまとめ，防災まで言及したもの。〔春の現象〕風／雨／気温／湿度／視程〔梅雨の現象〕種類／梅雨災害／雨量／風／地面現象〔夏の現象〕雷／高温／低温／風／台風／大気汚染／突風／都市化〔秋の現象〕台風災害／潮位／秋雨〔秋の現象〕霧／放射／乾燥／風〔冬の現象〕気圧配置／大雪／なだれ／雪・着雪／流氷／風／雷〔防災・災害対応〕防災情報の種類と着眼点／法律／これからの防災気象情報〔世界の気象災害〕〔日本・世界の気象災害年表〕

日本災害情報学会編

災 害 情 報 学 事 典

16064-2 C3544　　　　A5判 408頁 本体8500円

災害情報学の基礎知識を見開き形式で解説。災害の備えや事後の対応・ケアに役立つ情報も網羅。行政・メディア・企業等の防災担当者必携〔内容〕[第1部：災害時の情報]地震・津波・噴火／気象災害[第2部：メディア]マスコミ／住民用メディア／行政用メディア[第3部：行政]行政対応の基本／緊急時対応／復旧・復興／被害軽減／事前教育[第4部：災害心理]避難の心理／コミュニケーションの心理／心身のケア[第5部：大規模事故・緊急事態]事故災害等[第6部：企業と防災]

上記価格（税別）は 2018 年 5 月現在